U0149943

传统文化视域下的民族服装设计及国潮趋势发展研究

许奕春 著

中国书籍出版社
China Book Press

图书在版编目（CIP）数据

传统文化视域下的民族服装设计及国潮趋势发展研究 /

许奕春著 . -- 北京：中国书籍出版社，2022.10

ISBN 978-7-5068-9219-3

Ⅰ . ①传… Ⅱ . ①许… Ⅲ . ①民族服饰—服装设计—

研究—中国 Ⅳ . ① TS941.2

中国版本图书馆 CIP 数据核字（2022）第 183652 号

传统文化视域下的民族服装设计及国潮趋势发展研究

许奕春　著

责任编辑	邹　浩	
装帧设计	李文文	
责任印制	孙马飞　马　芝	
出版发行	中国书籍出版社	
地　　址	北京市丰台区三路居路 97 号（邮编：100073）	
电　　话	（010）52257143（总编室）　（010）52257140（发行部）	
电子邮箱	eo@chinabp.com.cn	
经　　销	全国新华书店	
印　　刷	天津和萱印刷有限公司	
开　　本	710 毫米 ×1000 毫米　1/16	
字　　数	244 千字	
印　　张	12.5	
版　　次	2023 年 3 月第 1 版	
印　　次	2023 年 5 月第 2 次印刷	
书　　号	ISBN 978-7-5068-9219-3	
定　　价	68.00 元	

前　言

　　服装文化和其他文化现象一样，在不断地变化中发展与创新。服装以特定的方式表达着人类从野蛮走向文明的历程。服装随人类而衍生，伴人类成长而繁盛，依人类消亡而结束。自它诞生那一刻起，就注定与人类、与人生结下不解之缘。人类历史有多长，它就有多长；人生有多长，它就有多长。服装文化是有生命的人与无生命的衣饰的结合物，它可以折射人的内心情感之美，抒写个性品位，揭示人对真善美的追求、向往的心路历程。当它与人一道在室内、室外、个体空间、群体空间、舞台上、舞台下活动时，不停地、不间断地、若明若暗地扮演着各种各样的、形形色色的自然角色、心理角色乃至社会角色；展示着善与恶、美与丑、雅与俗等不同的社会现象。服装文化默默地履行着为这些角色、现象诠释的职能。深刻理解服装文化内涵，把握服装文化脉络，发扬服装文化传统，创造更新的服装文化的审美价值，是历史赋予服装工作者的神圣职责。

　　对于任何一门学科来说，其研究与发展的最终目的必然是将理论成果应用到现实生活之中，从而满足人们不断发展的需求，进而更好地服务人类社会，服装设计也是如此，如何站在国际舞台上，向全世界展示融入我国民族民间文化的现代服装，并获得国际认可，这是我国服装设计行业不可回避的问题。

本书从传承中国传统文化的角度，对服装文化的诸多范畴进行解读，探讨我国民族服装的发展。

本书第一章内容为传统民族民间文化探究，主要从两方面进行了介绍，分别为中国传统文化的概述、民族民间文化的分析。第二章内容为现代民族服装设计的解读，主要从三方面的内容进行了介绍，分别为服装设计的相关概述与历史沿革、现代服装设计的内容分析、民族服饰与时尚服装设计。第三章内容为中国传统文化与服装设计的融合，主要从两个方面进行了介绍，分别为中国民族服饰文化的解读、现代中国民族服装的传承与创新。第四章内容为民族服装的设计实践，主要从两方面进行了介绍，分别为民族风格服装设计的过程、民族风格服装设计的工艺。第五章内容为国潮趋势的展望，从两方面进行了介绍，分别为民族服装设计对于国潮趋势的引领、国潮趋势下中国民族服装品牌的建设。

在撰写本书的过程中，作者得到了许多专家学者的帮助和指导，参考了大量的学术文献，在此表示真诚的感谢。由于作者水平有限，书中难免会有疏漏之处，希望广大同行及时指正。

作者

2021 年 6 月

目　录

第一章　现代民族服装设计的解读

要进行民族服装的创新与发展，必须先对服装设计的内涵有深层次的了解。本章的主要内容包括：服装设计的相关概述与历史沿革、服装设计的要素分析、民族服饰与时尚服装设计。

第一节　服装设计的相关概述与历史沿革

一、现代服装的分类

（一）按照性别年龄分类

1.男装

在大部分社会文化中，男性服饰通常都会将男性塑造得威严、强壮、勇敢。相对于女性服饰来说，男性服饰的色彩一般都比较沉稳而内敛。从设计方面来说，男装远比女装严谨规范，这和男性比女性参加社会活动多、更加注重环境场合对服饰的要求有关。现代造型艺术中的男装更加注重品牌意识和精品意识，如果能够有简洁而富于线型和着装条件鲜明的板型，再结合科学规范的工艺细节、品质优越的面料及符合男性审美的色彩，那必将受到男性的青睐。

男装在类型上分为正式着装和日常生活装。正式着装包括正式礼服、半正式礼服、套装、西服套装、中山装。这些正式着装在穿着上有一定的规范，服装的款式有着程式化特点，因而款式变化不大，最为常见的是西服套装。但正式服装非常注重材料和工艺以及整体的协调性。正装穿着的目的主要是体现着装者的身份、地位及审美和修养。穿着正装出席正式场合也是一种礼仪，是对他人的尊重。日常生活服装主要是满足现代男性在居家、生活、运动及休闲时的需要，工作中所穿的非正式服装也属于日常生活装范围。但在当今社会潮流与时尚文化的影响下，男性服装无论是在色彩上还是在款式上，都在不停地挑战性别界限，一些中性风格的男装具有鲜明的阴柔特点。时装发布会中一些男装搭配粉红色带后跟的蕾丝尖头皮鞋，已经不是什么稀奇的事情了，甚至整体造型都与女装并无二致。不仅有宽松的布满荷叶边的浪漫风格，还有紧窄的凸显胸部或臀部的女装中典型的成熟性感风格。

2.女装

女装比男装更加注重分类，也更加注重款式和风格。在现代社会中，女性比男性更加注重对自己的打扮。女装在类别上有礼服、外出服、室内服、运动服、休闲度假服等。礼服根据场合分为婚礼服、晚礼服、丧礼服、鸡尾酒服。外出服主要是外出逛街、上班、上学时所穿着的服装。室内服是在家穿的家居便服、休闲服、浴袍、睡衣、睡袍等。运动服是参加不同运动项目时所穿的服装，如跑步、骑马、打高尔夫球、打网球、游泳等。而休闲度假服是外出度假时所穿的休闲服装，有裙装也有裤装，如在海边度假，那就会穿着沙滩服。

3.童装

人从出生到16岁这一阶段所穿的服饰统称为童装。根据年龄阶段的不同，童装分为婴儿装、幼儿装、学龄前期童装、学龄期童装以及青少年装。

从出生到1岁，这一时期所穿的服饰即为婴儿装。这个阶段儿童的体型表现为头大身体小，其睡眠时间较长，服装不仅要方便更换尿片或纸尿裤，还要有利于保护婴儿身体。因此，该阶段的童装的款式造型结构以简洁为主，并要求舒适方便。1—3岁的童装为幼儿装。该阶段儿童在服装穿脱等方面基本都依赖父母，但该阶段的幼儿处于认识事物的阶段，喜欢明亮而鲜艳的色彩，因此，该阶段的童装在样式上要活泼多样，但结构应较为简单，款式相对宽松，方便穿脱。4—6

岁时儿童生长较快，运动较多，生活逐渐自理，性别上的兴趣爱好差异变得明显。该阶段的童装的特点与幼儿装基本相同，但服饰的性别差异更加明显。7—12岁的儿童称为学龄儿童，该阶段男女童在兴趣爱好和习惯上差异十分鲜明，在色彩的爱好上也明显地区别开了，女童对服饰的美感追求要远远高于男童，除生理方面的因素外，更重要的原因是家庭及社会文化的影响。学龄儿童时期的童装款式大多简洁大方，便于运动。男童服装对面料牢实、易洗涤等方面的要求比女童装更高。13—16岁的青少年是体型走向成熟的阶段，个人审美意识已经建立，已经有独立思考能力。该阶段后期，青少年的体型已经与成年人基本接近，其服饰除了学生装之外，其余的款式已经非常接近成人服饰，以休闲运动款式为主。

（二）按照社会用途分类

从社会用途而言，现代服饰造型艺术主要为职业、社交、表演及生活的其他方面服务。因此，基于社会用途的现代服饰造型艺术内容就包含了职业装、礼服、演艺服装以及其他服装。

1.职业装

职业装是一种以职业需求为导向而设计的服装。现代社会分工更加细致，职业装的类别也极其众多。职业装与经济的发展、科技的进步、社会形态的变化都有着密切的关系。职业装的特点是职业功能性、标识性、标准性、实用性与审美性，是一种突出职业形象特点、企业形象，呈现企业特点的服装类型。不同职业在工作时对着装的功能要求不同。当某种职业的服装长期呈现出一些共同的特征，久而久之便在人们心中建立起该服装与其职业的等同感，从而加强了该服饰的标识性。职业装作为某种职业的标识性符号，不仅能唤起着装者对职业的使命感和责任感，更能建立起他人对着某类职业装人员的尊敬与敬意。企业、公司以及医疗等行业中，所涉及的职业具有复杂多样的特点。以酒店为例，现代社会中，酒店是一种集中餐饮、住宿、娱乐、购物甚至洗浴等功能的综合企业，所涉及职业门类达十几种，每种职业又分为不同的职位和等级。因此，遵循一定的标准来设计、生产职业装是非常必要的。职业装是一种实用性服装，不仅需要舒适合体、穿脱方便,而且因一些特殊职业的需要,具有一定的防护性能,如消防员的职业装。职业装也是需要体现美的,尽管其他方面的特点表现得更加显著。职业装如果能够设计成美丽的外观,这对激发着装者的工作热情、增加视觉感官上的愉悦、缓解工作中的紧张感和压力是非常有帮助的,但这种美化设计必须是在满足各种职业性能要求的前提下完成的。

2.礼服

礼服是人们参加正式社交场合的服装,可分为晚礼服、半正式礼服、婚礼服、创意礼服及中式礼服。值得一提的是,以往的礼服多为西式礼服,随着中国综合国力的增强及国际地位的提升,中式礼服越来越受到重视,这种重视不仅来自本国,也来自国际上的其他国家。西式晚礼服女性款式为合体收腰长裙,体现女性性别特征。设计的重点部位是胸部、肩部及背部。不仅设计与面料极其讲究,装饰手法也别出心裁。华丽、高雅是晚礼服的最大特征。男性晚礼服是燕尾服,是一种套装,包括外套、背心、裤子和衬衣,搭配以帽子、手套及小方巾。半正式服装是通过正式服装改良而来的,有时也指穿着搭配并没有那么严格按照正式礼服穿戴的服饰,如女装礼服的裙长缩短后就成为一种半正式礼服,而男装的晨礼服不搭配领带也被视为一种半正式礼服。现代服饰造型艺术中所指的婚礼服是西式婚礼服,女性穿婚纱,男性穿西装。婚纱的款式多以体现女性体形特征为主,色彩除了白色之外还有一些淡雅的颜色,如粉蓝、粉红、粉紫、浅黄等色彩,婚纱面料以丝绸等光泽性面料为主,除裙子外,婚纱还包括头纱、花环、帽子、手套、饰品等。最容易让人眼前一亮的礼服并不是晚礼服和婚纱,而是创意礼服。创意礼服在设计手法上不拘泥于形式,兼顾创意与美,在设计上发挥的空间和余地非常大。如今的创意礼服似乎成了设计师展现设计才华的重要形式,一些设计师甚至将创意礼服与哲学观念相结合,使现代服饰造型艺术的内涵得到更深层的提升,这些设计师有日本的三宅一生、中国的马可等。中式礼服是一种在中国传统服饰基础上发展演变而来的礼服,如旗袍、中山装。另外,汉服式样的婚礼服也是一种中式礼服。值得一提的是,现代服饰造型艺术中,常常将中式传统服装中的某些局部吸纳西方礼服的特点,比如在汉族大红色婚礼服的基础上,做裙子的体积膨大、腰部收紧等处理，使服装呈现出一种"西为中用"的服饰造型。经过改良后的中式礼服兼具东西方审美特征，受到越来越多的年轻人的青睐，反映出中国年轻一代对当下时尚文化的反思以及对本国历史文化的认同。

3.演艺服装

演艺服装是一种专门用于艺术表演的服装类别。根据表演的场合不同，演艺服装包括舞台服装与影视服装两类。舞台服装根据表演的类别不同而有较大的差别。在舞蹈类服装中，有时服装可以作为一种舞蹈道具，与舞蹈动作结合，可以增强艺术感染力，如杨丽萍的《雀之灵》舞蹈，将裙子提起甩动并跳跃就属于服装与舞蹈动作结合。在戏剧表演服装中，不同的角色有不同的服装款式，饰品道具也完全不同，如京剧的"生、旦、净、丑"四大行当类别。戏剧服装中，不同的戏剧类别服装完全不同，团体演奏则需要服装具有统一的风格。一些西方乐器类的表演所着服装也与其表演的艺术风格接近。影视类服装与剧目的时代背景有着密切关系，服装作为一种道具，不仅可以体现时代特点，更是一种可以塑造角色性格特点的重要手段。

4.其他服装

就社会用途而言，凡不在职业装、礼服、演艺服装之内的服装都属于其他服装。其中最大的类别就是日常生活装，其次则是文化教育服装。日常生活服装在前面已介绍，这里不再赘述。学生服与学位服是文化教育类服装中的两大类别。民国时期的学士服是历史上十分有特点的一种服装款式，反映出中西文化碰撞中人们思想的解放。新中国成立后，中国的学生服才得到了较大的发展，起初以运动类款式为主，如今，中国的学生服也向日本韩国学习借鉴，以西服套装为主。男生穿驳领西装外套、衬衣和西裤，搭配领带和皮鞋，女生则穿驳领外套、衬衣，搭配过膝裙子、领结、袜子和皮鞋。学士服是一种起源于16世纪欧洲的服装款式，是高校毕业典礼中授予学位的固定装束，有学士服、硕士服、博士服等分类。款式是一种宽大开衫，阔袖，搭配披肩和学位帽。目前我国的学位服是参照国务院学位委员会审定意见，按照国家级标准并结合各院校自身特点设计完成的。

二、现代服装设计的内涵解读

（一）商品性的内涵

现代社会中的服饰同样体现着社会意向和社会功能，也会受到地域、季节、社会制度、意识形态、传统观念、民族风尚、生活方式、着装环境等因素的影响。服饰的实用性视角是以服饰的物质形态为基础的，随着现代科技的发展，服饰的实用功能被不断地提高。工业革命之后，市场的需求使得服装服饰成为工厂中批量生产的产品，并通过市场转化为一种商品。作为实用商品的服饰具有实用性、产品性、商品性三大特点。

1.注重实用

"衣食住行"以衣为先。人类社会文化中，对服装的需求被放在首位，可见人类对服装的依赖。之所以在这里用"服装"而不用"服饰"，是因为服装是人类在社会文化生活中必不可少的物质形态，而饰品则不一定具备这样的特征。尽管服饰的审美特征在现代社会中得到强化，但除了少数饰品之外，现代社会服饰文化中审美特征的强化依然基于服饰实用性的基础之上。服装的实用性需要满足人体的生理机能，这不仅对服装材料提出要求，更要求服装满足人体运动的需求。

服饰的社会功能也是服饰实用性的一种体现。此时使用"服饰"，是因为作为一种社会文化功能，饰品也是其中的重要组成部分，甚至在某些情况下是不可或缺的。服饰所承载的社会价值观也是服饰实用性特征的体现。

2.成为一种产品

缝纫设备的产生是服装成为一种产品的基础。早在 1790 年，美国木工托马斯·赛特就发明了第一台"先打洞后穿线"的手工单线皮鞋缝纫机。此后，缝纫机被不断地改进，在提高服饰生产效率方面做出了巨大贡献。然而，服装作为一种批量化、规格化的产品生产还受到裁剪技术的制约。1862 年，美国布鲁克斯兄弟创造了服装纸样的成衣技术，为服装成为一种产品提供造型技术基础之后，服装正式地成为一种产品，在工厂中进行批量生产。1889 年，胜家公司在之前脚踏式缝纫机的基础上发明了电动缝纫机，生产效率大大提高。尽管在在当今社会中依然有单件定制的服装，但是绝大多数时候，人们主要还是依靠现代工业生产技术来满足穿衣的需求。

3.商品化的加深

尽管服装在过去的社会文化中也作为一种商品用于市场交换，但服装的商品性特征从未像如今这样鲜明。人们可以在市场上买到形形色色的服装，正是由于人们对服装的不同需求，使得服装的商品性得到了进一步的发展。作为一种商品，服装具有有形商品的一些特征：质量水平、特点、样式、品牌名称、包装。服装作为一种商品同样受到市场的制约与调节，当市场对某种由特定厂家或企业生产的服装产生认可时，该企业产品的附加值就得到了提升，这是产生品牌影响力的基础。一些服装品牌已经产生了巨大的品牌影响力，品牌文化得到了市场的认可，并从服装产品中反映出个体的性格特质及生活态度，此时服装就同时具备了商品与品牌文化的二重性，用以满足消费者的精神需求。大众成衣是现代服装实用商品的发展结果，批量生产使服装的成本得以降低，因此能够以低廉的价格进行销售，这不仅满足了消费者对于服装多样性的需求，也使得大众紧跟潮流成为一种可能性。大众成衣对消费者的依赖程度非常高，以至于服装设计公司通常对新艺术、新文化思潮乃至社会事件做出第一时间的反映，使得潮流呈现出一波接一波的浪潮。这种大众性的消费并不会因为价格低廉、批量生产而失去其艺术价值。这种艺术以实用商品的特征反映出丰富多样、兼收并蓄的艺术风格，并代表着最广泛的时代文化。

（二）艺术性的内涵

服装是在一定物质基础上设计制作完成的，但这种设计与制作受社会文化的制约。因此，服饰造型是一种社会文化现象，作为一种精神文化载体，体现着社会文化的内涵。所以，服饰造型是从物质到精神的升华，又是从精神到物质的转化，具有物质与精神二重性。

在人类社会文化中，不同的民族呈现了不同的服饰造型特点。这些特点如此鲜明，不仅形成了独特的着装文化，而且产生了具备美学特点的实物造型，体现了民族文化的物质性和精神性，以至于我们不得不把这样独特的服饰造型称为一种艺术。一些高档服装极其重视服饰的艺术感染力，尤其以高级时装为代表，在设计制作时极其注重营造整体的造型艺术效果。各地区民族性极强的服饰与高级时装都有其各自的独特魅力，从而呈现出一种来自造型特点的感染力，富有强烈的造型艺术特色。这些特色从本质上而言来自其所具有的文化性、社会性、审美性。

1.与民族文化息息相关

20世纪世界著名时装设计大师克里斯汀·迪奥在巴黎大学的演讲中这样说："服装与历史同在，服装与文化同在。"服饰不仅与每个人相关，更与每个民族、每个国家的文化及发展有着密切的关系，甚至成为一个地区的标志，成为一个民族文化的符号。各民族、各国家服装的发展演变在一定程度上呈现出社会文化的精神信仰和政治权利，并为洞悉该文化的世界观提供一种途径。不仅民族服装如此，在社会发展过程中的一些服装现象也反映了文化中的某种缺失或需求，是社会文化在特殊历史阶段的产物。比如，在改革开放初期男士们为了追赶时髦，几乎人手一套西服。当时的中国男人并不知道西服是出席正式场合所穿的服装，而将其作为一种表现自己紧跟时髦的标志，无论上班还是在家，甚至走亲戚、逛公园、出国旅游都穿着西服。同样，20世纪60年代席卷欧美的嬉皮士浪潮，年轻人崇尚色彩鲜艳的衣着与不寻常的服装造型，留着长发和长胡须。这种和主流社会中传统经典的服装截然不同的造型反映出嬉皮士对传统的反抗，结合嬉皮士们公社式和流浪的无政权生活方式，反映出嬉皮士对当时的民族主义和战争的反抗。

2.与社会发展紧密相连

服装造型是各民族社会中一种统一的身份认同的产物，社会是推动服装发展的动力。心理学认为，一些合乎社会道德的行为都是因他人的态度而发生的，这样的心理叫作"社会赞许动机"。在这样的动机之下，人们通过他人的评判标准来选择穿着。人成长于社会文化中，其文化是习得的，而非经过生物遗传的，人从婴儿到成年的时间里习得文化的各种标准，在这些标准中包括如何穿戴。与其说"社会赞许动机"是一种从个体心理出发的一种行为，不如说是社会文化决定了个体为了在社会中获得认同感，以社会共同认可的标准来衡量自己的行为，表现在服饰上则是个体首先从所在社会中找到自己的定位，并将这种定位放置于社会文化中来确定该定位的服饰标准，最后按这种标准来选择自己的服装。

服装造型艺术的社会性还表现为，一些与社会传统服装文化有出入或不相符的服装要接受文化的评判，这样的评判标准不是固定不变的。现代服装造型艺术中的具有营销目的的专门服装展示活动——T台服装秀，同样要接受现代社会文化的评判，尽管T台服装秀不断地在挑战文化的接受极限。

服饰造型艺术具有社会性的第三个表现方面是服装的社会角色标识特征。在现代社会中，人们通过服饰来体现自身的职业特点。同时，人们在不同的场合穿着不同的服装，服装造型成为人们社交场合的"名片"。

3.以审美为重要基础

尽管服装的审美在一定程度上受社会文化的制约，但是服装造型是一种以美为基础的艺术，反映了人们在不同社会历史阶段中对美的追求。中外服装文化中都有以损害女性身体为代价的"美"的标准，如中国历史上的"三寸金莲"，西方的紧身胸衣、束胸等。这种变态的服装追求以及畸形的审美标准已经在现代科学与审美的指导下得到了纠正。但不可否认的是，审美性是推动服饰发展的又一巨大动力。随着社会文化的发展，物质生活的丰富性使得人们越来越强调服装的审美特征，这是现代服装造型艺术的最大特征之一。

对于法国人来说，服装造型是一种艺术，就像音乐、绘画、建筑以及电影等艺术形式一样，高级时装是这种服饰造型艺术中的极致体现，也是现代服饰造型艺术的顶峰。

高级时装是一种现代工业、现代服装工艺技术及西方传统手工艺技术的完美结合物，不仅仅是一种创造经济价值的形式，也是人们对美的极致追求，更是人类在服装造型上创造力的体现。法国高级时装从创立之初就把优雅时装文化从法国传向欧洲各国，之后更是将这种优雅的服装精神文化传播到世界各地。尽管如今的高级时装不像以前那样大红大紫，不少品牌也取消了高级时装发布会。然而，一些影响力逐渐强大的品牌却又成为高级时装发布会中的新成员，为高级时装注入新的生命力。皮尔·卡丹曾经这样说："我在高级时装方面赔了不少钱，而我之所以要继续做下去的原因是那是一项创意（Idea）的大研究。"皮尔·卡丹道出了当今高级时装的真实现象：几乎所有品牌的高级时装都是赔钱的买卖，尽管的确还有高级定制的客户存在。但皮尔·卡丹也道出了各大高级时装品牌为何赔钱也要每年定期举办两次高级时装发布会的原因：高级时装是服饰造型的顶级艺术，是创造力和时代审美的集中体现，高级时装中的创新、创意会注入下一季的高级成衣中，使得高级成衣萌发新的生命力，而当今的时装品牌主要依靠高级成衣及品牌影响力来获取市场利润。

因而，高级时装艺术是服装造型设计的核心领域，所有的服装创意、新型材料、新型工艺技术都在高级时装汇集；不同的文化都在高级时装艺术中碰撞，并统一于全球化的审美标准之中；传统手工艺技术与现代科技结合，呈现出和谐统一的完美造型效果。正如法国女装工业协调委员会主席阿兰·萨尔法蒂所说的那样："时装和绘画、音乐一样，也是一种艺术。设计大师追求的只是美的效果，属于纯粹的唯美派作风。"从这个意义上来说，高级时装的确是一种纯粹的艺术形式，它所有的一切都是为了美。

（三）艺术与商品的统一性

狭义的现代服装造型艺术仅仅指高级时装艺术，如同世界设计艺术走向大众化那样，广义的现代服装造型艺术不仅包括高级时装，还包括高级成衣和大众成衣。造型方面的艺术性与实用商品的统一性观点对于服装的探讨取自服装造型艺术广义的概念。

当今，人们既追求服装的基础实用性特点，又追求服装具备造型艺术的社会性、文化性及审美性，还追求低廉的价格，这就使得现代服装造型不得不朝着艺术性与实用商品性统一的方向发展。另外，艺术与技术的统一是工业革命以来产品设计的标准之一。工业革命使服装得以批量生产，服装成了一种具有实用性特点的商品，但人们对美的需求决定了服装必须具备审美特点，尤其是在当下物质得到极大丰富的时代。因此，服装造型艺术与实用商品的统一是现代社会文化发展的一种必然结果。

服装设计应该是狭义上的造型艺术与实用商品统一的产物，是一种运用实用价值和美的法则所进行的艺术创作。服装设计应该是精巧用心的，体现着设计师的创作理念，在一定程度上继承部分高级时装的工艺技术，并运用现代工业化技术进行小批量生产。正是由于满足了社会文化的价值取向，服装设计的理念在20世纪七八十年代获得了广泛的发展，消费群体遍及演艺娱乐圈、商业圈及国际政治圈，成为时装品牌的支柱性产业。某一种服装得到消费者的认可不是偶然，体现了现代社会文化工业化成衣中对人文内涵的需求。与过去相比，我们不难发现，在当今社会中人们对服装的实用性要求远胜过去，这是社会文化中价值取向标准趋向理性的标志。

与服装走向实用化相对应的是大众服装朝着更具审美性特征的方向发展。尽管大众服装审美性能的提高在一定程度上受到批量生产和低廉价格的限制，但这并没有减弱大众对更美、更时尚的服装的追求。从有利于批量生产的角度来提高服装成衣的审美性特征，并使大众服装走向品牌化，从更大意义上满足人们对服装的精神需求，现代大众服装正在这条道路上大踏步往前走。这样的事实反映了大众在物质丰富的现代生活中对美的追求和向往，同时也反映出过去的大众服装美感的欠缺。

高级服装和大众服装朝着相同的方向发展，二者趋同，差距不再像过去那么巨大。虽然二者最终不会统一，但现代社会中高级服装和大众服装的趋同体现了当下社会中社会阶级被弱化，人与人之间的差距缩小，大众的需求被得到重视和认可的现状。从大众服装的品牌化中我们可以发现，现代社会文化中的大众服装已经朝着具有人文关怀的精神性方向发展。

三、现代服装设计的历史沿革

"设计"一词在英语中称为"Design"，诞生于20世纪初。设计所包含的内涵非常广泛，仅在艺术领域，就可将设计活动分为工业造型设计、建筑艺术设计、环境艺术设计、舞美设计、包装设计、形象设计、服装设计等多个领域，不同的细分类别都有其特定的设计内容和形式。

（一）服装设计

服装设计是以人为对象，运用恰当的设计语言，完成整个着装状态表述的创造性行为。

服装设计是功能、素材、技法三者的统一体。

功能——人的需求。

素材——由功能决定。

技法——由素材决定。

（二）现代服装设计

1.概念解读

现代服装设计原则是对现代社会需求的诠释，同时也是对现代人着装状态的重新定义。现代服装设计更加注重服装的全方位作用与效果，包括服装的经济性、科学性、适用性、时代性、流行性、艺术性等。因此，现代服装的设计已经跳出了功能性设计领域，转而追求更高的文化艺术境界。那么在进行现代服装设计时，就必须通过特定的表达技法来促进穿着者及观察者间的沟通。现代服装设计的表现技法通常可细分为服装款式设计、色彩设计、结构设计、服饰图案设计、配件设计以及与服饰有关的辅助设计等。下面我们以结构设计为例来说一说现代服装设计所涉及的一些专业知识。

2.设计过程的由点到面

（1）点

点在数学中只有位置的概念，表示为某个坐标。在二维平面内，点具有相对性，指的是二维平面中面积较小的形态，可以有不同的形状和肌理，是一种只有长度和宽度的元素。而在服装设计中，点有两种存在形式。一种是只有长度和宽度的二维平面形态，主要是指服装面料上的点状图案。另一种是既有长度、又有宽度、还有深度的三围立体形态。这里所说的深度指的是厚度，如服装上的纽扣等。在服装设计中，点既可以是二维平面的，也可以是三维立体的。值得注意的是，在服装设计中，成为点的条件是比较，在与整件服装的比较中，面积或体积非常小的才能称之为点。

服装设计中点的构成主要从位置、数量、类型三个方面来探讨。值得一提的是，除单点可以是二维或三维的任意情况外，其他点在以上三个方面的探讨是基于同一维度的。

点在服装设计中如果是局部出现，往往是画龙点睛的精妙之处。比如，整套服装只在一边的前胸别上胸针，或整套服装设计中只有腰带处有一个较小的圆环。除此之外，常出现点的位置有领角、底摆、肩部、背部、袖口等。当然艺术家或设计师也常把点放在任何他们想放的位置上，只要能恰如其分地使之与整体造型相协调即可。如果点以大面积的情况出现，那这种面积的点往往会因为数量巨大而形成一种特色设计，比如大面积的点状刺绣。

在数量方面，点有单点、两点、多点三种情况。服装设计中倘若只有单点，这样的点往往会比较精致，很容易聚集人的目光。值得注意的是，如果单点所在的位置是居中的，我们往往会有稳定、静止的感受，但如果是明显地偏离到某一边时，平衡就会被打破，产生运动感或方向感。因此，在看上去平淡无奇的服装设计中，设计师往往会通过在某一局部加上一个小小的装饰，使之看上去更为生动。

两点的情况会因间距位置的不同而使人产生不同的感受。若两点是完全对称地分布在以人的眉心到鼻梁、经过胸窝到地面为对称轴的两边，我们会觉得视觉上是平衡的。但两点不对称，情况就会复杂一些。如果这两点分布的时候依然是大约等距离地分布在对称轴的两侧，只是一个高一点，另一个低一点，我们依然会觉得这样的两点是平衡的，但多了一点动感。若是两点完全集中在对称轴的某一边，动感就更加强烈了，因为平衡已经被打破了。人们的视觉会朝点的方向移动，而且视线会在两个点之间飘忽不定，由此带来更加强烈的动感。

当服装设计中出现多点的时候，我们会通过排列组合的方式来探讨其作用。当点沿着某一个固定的方向增加数量时，会引导人的视线朝该方向的两边延展，视觉上趋向于将这些点连接在一起，因而，这些点会使视觉产生方向感。而当大小相同或是大小不同的点分布呈曲线时，则会有一种起伏流动的韵律感和秩序感，会让人感受到温和而柔软。如果在二维平面内，点的大小是逐渐变化的，我们的视觉会感受到三维空间的错觉。当这种点排列是曲线形时，我们会感受到这种空间的渐伸是螺旋变化的。当上述两种情况中的点是三维立体的点，则会因三维空间体积的递增递减而出现丰富的前后视觉层次与韵律感。而当排列方式是曲线时，韵律感会更加鲜明，同时还会有流动感的产生。

如果点的大小数量不一致且排列没有什么规律，那么活泼的感觉就会增加，因为人的视觉会在这些大小不同的点之间不停地跳跃。同时，混乱感也会增加，因为人的视觉在不停地寻找到底要停留在哪个点，却发现其实根本无法在任何点上停留，在这个过程中便会感到疲惫。

在服装设计中，点也可以分为不同的类型，即大小、厚薄以及虚实。尽管不同组合的点会给人千差万别的心理感受，但还是有一定的规律可循。

大点组合让人觉得大方、刚硬，而小点组合让人感觉柔和、纤巧、富于女性化。在服装设计中同时出现同一种形态的大点和小点时，这样的层次往往是清晰、统一而丰富的。但如果是不同形态时，情况就会变得复杂，艺术家或设计师往往会将它们处理得非常巧妙，使其呈现出具有变化和统一的美感。

点的厚薄实质是二维平面的点与三维空间的点在人的视觉上的区别。二维平面的点让人觉得是薄的；三维立体的点让人感觉更加实在，具有跳跃的特点。二者相比较，不难发现，三维立体的点更具有视觉冲击力。

我们把服装设计中体积相对较小的实体以及二维平面内外部轮廓封闭的点称为实点，而把二维平面内外部轮廓不封闭的点、线与线之间的狭小间隙三维空间中闪烁不定或若有若无的点称为虚点。很多时候，面料上的一些印花是一种虚点，比如较小的指纹图案就是一种非常典型的虚点。而普通纽扣或拉链头则是服饰造型艺术中最常见的实点。当实点和虚点同时在造型中出现时，某一些点更容易被人的视觉注意，而另一些则要人在认真看的时候才慢慢被注意到，因而产生视觉上丰富的层次。

在服装设计中，点的使用非常普遍，如饰品、纽扣、图案等，这些点在服装上起着辅助的作用。艺术家或设计师除了在已完成的服装中加上点的元素外，也把点作为一种造型要素，帮助吸引视线或是用于强调服装设计中的某一个部分，产生画龙点睛的效果。点在服装上的应用主要可以归纳为辅料类、工艺手法类和饰品类。

纽扣、线迹、珠片、绳头、拉链头等都是辅料类的点在服装设计中的应用。这一类的点在服装设计中往往具有功能性，同时也具有装饰性。比如纽扣，它在很多情况下具有使服装局部闭合的功能，而在得到这种功能的同时，设计师往往会使其具有装饰的意味，利用这小小的纽扣使整体造型更加精致耐看。因此，在选择的时候，需要充分考虑纽扣的大小、形状、材料、数量以及位置。有些款式对纽扣的数量有着严格的要求，比如西装。相比之下，衬衣则没有那么严格，在数量上有较大的发挥空间。当纽扣作为一种装饰手段的时候，其排列组合方式是尤其重要的。

图案、刺绣在服装上以点的形态出现属于一种工艺手法。点的图案最常见的就是圆形，换句话说就是用有圆形图案的面料进行服饰造型。在草间弥生的《爱丽丝奇境历险记》一书发行后不久，这位"波点女王"再一次向世界证明了她的艺术号召力：各种小而密集的圆点图案遍布各种服装及饰品中。当然，属于点的图案远不止圆形，在圆形波点流行之后是各种唇印、口红、小动物等点状图案的大量出现。因此，我们发现面料中点的大小不同、颜色搭配的不同，都会对服装设计的整体造型产生较大的影响。值得一提的是，点的工艺手法，尤其是点状图案是服饰造型中非常常见的，也是艺术家与设计师们极其喜爱的。

这是因为，除了点的图案、色彩、大小之外，通过对面料的裁剪、折叠、抽褶等方式处理后，面料上原本规整得有点死板的点一下子就变得灵动活泼，而且视觉层次丰富。通过服装结构手段，二维平面的点的原本规律被打破，呈现出附着于人体之上的三维立体形态，出现前后的空间差别、里外的层次差别，这变化实在是令人赞叹。然而更让人惊叹的是，一条波点图案的大波浪裙在人走动起来或是在风吹动裙摆的时候，静止的三维立体形态再一次被打破，出现具有动感的变化，而面料上的点图案让这样的变化更加缥缈，更加让人捉摸不定，最终让人完全沉浸在闪烁流动的变化之中。

丝巾扣、手表、戒指、耳环、胸针等属于饰品类。有些是实用的，如丝巾扣、手表之类。有些在当今社会中已经是一种纯装饰性的物品了，如戒指、耳环、胸针就属于这一类。饰品在服装设计艺术中的出现，除去除单调乏味感的作用外，更多的是使服装造型呈现出整体的美感，此时最好选择一些饰品使之与服装的某些局部相呼应。当然，饰品也是表现着装者个人品位、爱好的组成部分，个人可以根据搭配、风格的需要对饰品进行选择。但必须注意的是，饰品也有不同风格，饰品的位置、色彩、材质会影响整体服装造型效果。总而言之，饰品能使服装造型艺术突出美感、强化风格，其装饰部位多集中在前胸、腰部、手腕、耳垂等处。

（2）线

线在几何学上的概念是指点移动的轨迹，这个点是任意的。该点朝固定的方向移动，得到的是直线；该点在移动时不停地改变方向，得到的则是曲线；而折线是点在朝一个方向移动一段距离后，改变方向朝新的方向继续移动形成的。当多点沿一定方向排列时，我们的视觉会趋向于将这些点连接起来，这样的线我们称为虚线。和点一样，服装设计中的线既可以是二维平面的，也可以是三维立体的，面料上的线形图案是二维平面的线，而拉链、绳带之类就属于三维立体的线。与几何学不同的是，服装设计艺术中的线还会有不同的形状、色彩以及质地，而且在设计过程中加入了人的情感和意志，这会使线产生比点更加丰富的性格化、情感化的倾向。此外，为了修饰人的体型，艺术家或设计师常常用线来营造一种视觉的错觉。和点一样，我们通过位置、数量、类型三个方面来探讨服装设计过程中的线。

在服装设计中，如果把线主要用于边缘的设计，通过色彩或质地的不同而使线突显出来，那么这样的服装设计往往容易呈现出优雅的、整齐的特点。而线如果出现于袖子和裤脚的外侧，人们往往会觉得这样的服装造型具有休闲运动类服装的特征。当然，线可以出现在服装设计中的任意位置，比如胸前、后背、腰部等，那往往会产生随意、动感的感受。像最近非常多见的袖口布条捆绑设计并留出下垂的布带，尽管很多人觉得这些布带甩来甩去很碍事，但仍不妨碍这样的线形的服装艺术细节设计成为一种流行。总之，巧妙地安排线在服装设计中的位置，往往会取得非常好的点缀、装饰效果。

当服装设计中的线少量出现时，视觉效果会比较弱，或者说线不是设计中主要体现的元素。倘若对这些少量的线进行色彩、质地、工艺的变化处理，其效果就大不同了，在视觉上可以呈现出或跳跃或精致等效果。而当线以巨大的数量出现时，线的特征会因数量的增多而被增强，最终成为统领整体的元素，产生强烈的视觉效果，比如蕾丝花边的反复使用、层层叠叠的流苏等。服装设计中，艺术家或设计师对流苏是非常偏爱的。这些一端固定的线因地心引力的作用一致向下，静止时平静优雅；而当人走动起来的时候，这些流苏就会甩动起来，成为动感极强的要素出现在人的眼前。当流苏成组出现时，这动与静的反复交替使人的视觉久久停留于这样的节奏中。在2014年左右，时尚界刮起了一股"流苏风"，起初仅仅是巴黎的个别品牌局部使用短流苏，然而接下来一个季的发布会中，流苏就"遍地开花"了，局部的流苏演变为层叠的短流苏，一些大众品牌店具有流苏元素的设计服装也成了大家争相抢购的爆款。更让人记忆犹新的是，很多时装发布会中的流苏固定的那一端从原来的水平方向变成任意方向，不仅材质五花八门，长度也由短变长，最长的从脖子到了脚跟。可以想象，这样的超长流苏在静止时确实很吸引人的眼球。然而，在动态的发布会现场上，那些超长细流苏却在模特扭动的步伐中全部纠缠在一起，很难想象这是设计师故意为之的。从流苏元素的广泛流行中可以窥见，服装设计中线元素的大量使用所产生的美感和魅力从高级定制到大众消费中皆得到了认可。

线的类型是相对比较复杂的一个方面，可从形状、粗细、长短、虚实及间距这几个方面进行探讨。

线的类型的第一方面是形状。线的形状分为直线、曲线、折线、虚线四类。和曲线相比，直线更让人感觉硬朗、刚毅、单纯。如果用性别对服饰造型艺术中的线进行区别的话，直线就具有男性般的坚实力量感。而直线中的水平线容易让人联想到水天相接的画面，给人平静、广阔、安定、祥和之感，这是因为水平线和地面是平行的，所以人的心理上会感觉安定、平稳。然而，一旦这种平稳被打破，在其朝一个方向倾斜的时候，人的视线就会被引导着朝线条所指引的方向流动，因此斜线具有了运动感。但从人的心理安全感的角度来说，人其实并不太喜欢这种倾斜，因为生活中倾斜通常是倒塌或破坏的前奏，比如倾斜的房子不久就会倒塌，这样的经验使得人在面对斜线的时候会产生不安和紧张的感觉。当然，人们从一定斜坡上滑下的时候会感觉非常刺激，这样的感受在我们看到斜线的时候同样会有。

还有一种情况就是两条直线互相垂直，这和我们生活中房屋与地平线的关系一样，会让人产生硬朗、坚固、稳定而富有秩序的心理感受。由于垂直线和纪念碑的形态一样，人们在纪念碑前油然而生的静穆、敬意，在看到垂直线的时候同样存在。

英国著名画家、美学家威廉·荷加斯在《美的分析》一书中指出："一切由所谓波浪线、蛇形线组成的物体都能给人的眼睛以一种变化无常的追逐，从而产生心理乐趣。"[①] 实际情况确实如此，曲线往往给人一种柔和、优雅的感觉，我们可以通过借助几何工具绘制曲线，也可以徒手绘制，我们会明显地发现徒手绘制的曲线是那样的自由而奔放、不可复制，而如海螺上旋转变化的曲线，人们往往需要借助几何工具才能准确地绘制，且具备徒手线条无法比拟的优雅，古代罗马爱奥尼柱式的柱头上就有这样的涡旋曲线，而"黄金涡线"则是这类涡旋曲线中最富韵律美感的。除涡旋曲线之外，几何曲线还有抛物线、圆形、椭圆等。当然，几何线条由于其可复制性，所以容易让人产生机械视觉感。

折线也可以认为是由许多短而直的线条从不同的方向首尾相接而成的，相比直线和曲线，其凌乱的视觉感受明显增强。人们在注视折线时，转折的尖锐部分更容易被视线关注而产生刺激的心理感觉，当折线的转折更尖锐时，刺激的心理感受会更加明显，这种刺激是具有排斥性的，这样的心理源自生活中尖锐物体给人的疼痛感受，比如荆棘、针等。当人注视着完全没有任何规律的折线时，视觉不容易在各种方向的转折中寻找到任何规律，因而产生凌乱而疲惫的感受。在服装设计中，具有闪烁特点的折线整体呈现出一定的规律和方向性时，折线的凌乱感减弱，而紧张感得以保持。

虚线是点沿一定方向形成的，有断续、不连贯的特征，与之相反的连贯的线则是实线。点的排列得到的虚线特征前面已经探讨过，这里只对虚线和实线进行对比。当我们把实线和虚线并列在一起，会明显地感受到虚线比实线更加不鲜明，这种不鲜明的感觉与其说是柔和，不如说是软弱、不确定。

---

① 威廉·荷加斯.美的分析［M］.上海：上海人民美术出版社，2017.

总之，直线更容易给人以坚强、肯定的感受，曲线易于营造温暖纤细、窈窕细腻的感受，折线更具有闪烁、跳跃的特点，虚线呈现的则是一种若有若无的、缥缈的、斑驳的特征。

线的类型的第二个方面是粗细与长短。由于服装设计中的线既可以是三维立体的，也可以是二维平面的，因此我们就线的粗细进行宽窄和厚度的讨论。

当大小不同的点沿轨迹运动时，大点的轨迹形成的是较宽、较粗的线条，小的点形成的则是较细、较窄的线条。视觉上，粗线刚硬而实在，非常引人注目，使我们很容易联想到男性的阳刚之美。相比之下，细线就要柔和得多，但这并不意味着细线就绵软无力，尽管在粗线的对比之下，细线要隐蔽得多，但其优雅中却透露着几分韧性。显然，细线的特征看上去似乎更具备女性的特征。然而，这并不是说细线只能用于女性的设计，粗线只能用于男性的设计。

从现代服装设计丰富的设计风格中，我们不难发型有些品牌性别特征变得不那么明确了。

在服饰造型艺术中，当我们通过对一些厚度不明显的线用堆砌、绞扭、搓捻、层叠等手法来处理时，线的三维立体感会明显地增加，那么此时就不得不考虑线的厚度所带来的影响。三维比二维的线更突出，所带来的表现力更强，个性也更加鲜明，因此艺术家或设计师更喜欢把这样立体的线用在服装设计中来凸显出个性、前卫的特点。

除厚度外，长的线条和短的线条也是有着较大的差别的。长的线条会有绵延之感，如果线条比较短，人的视线很容易就能注视到它的全部，长线条中的绵延质感在短线中就消失了，取而代之的是一种干脆、明确的感觉。只有短线条的时候会感受到白信，然而当它和长线条放在一起的时候则会觉得短线条是那样的乖巧，但又不失活泼。

线的类型的第三方面是虚实和间距。长线条更容易被人的视线捕捉到，因而有一种前进的感觉，相比之下短线条不那么容易引起人的注意，因而产生后退的感觉，二者搭配在一起就产生了丰富的视觉效果。同样的道理，连续的实线和断续的虚线组合在一起，抑或是轻薄、透明度高的线与厚实、不透明的线组合，也会带来相同的视觉效果。

在线的排列方式中，还有一个我们需要探讨的就是间距。倘若线与线之间的间距相等，我们会感觉到整齐划一；而当等间距的一组线和随意排列的一组线放在一起的时候，我们就会觉得等间距的线不免有些死板了。这是由于随意排列的线更加灵动而富有特色，不过有时也不免会有些凌乱，因为实在是没有什么规律。当然，我们在对线进行排列组合的时候，也可以运用一些方法使其产生一些规律，比如渐变、发射等，但这些规律的效果太特殊了，以至于我们必须将这些规律拿出来作为法则的一部分来进行探讨，因此，在这里不做过多的说明。

线在服饰造型艺术中的运用非常广泛，也是艺术家和设计师非常喜爱的一种设计要素，线在服装上的表现形式有造型、装饰与工艺、辅料以及饰品。

线所具备的功能性作用要比点丰富很多，首要的就是线的造型功能。线的造型功能无法独立于服饰造型艺术存在。因为服装的外部轮廓线、内部结构线、分割线是服饰造型艺术整体中的一个部分，与整体的紧密联系在一起。克里斯汀·迪奥在服饰造型艺术上的成就至今无人能敌，他第一次将服装的廓形用英文字母进行分类，常见的有 A 型、X 型、H 型、T 型、O 型、S 型、Y 型。克里斯汀·迪奥所设计的箭型、郁金香型成为迪奥这个品牌的经典廓形，如今的迪奥秀场上依然能见到这两种廓形。

A 型：也称为正三角形，通过修饰肩部、夸张下摆形成。腰以上合体，腰以下打开形成的正三角形廓形称为小 A 型；从肩部、胸上围、胸下围打开的廓形称为大 A 型，如图 1-1-1 所示。

图 1-1-1　A 型

X 型：该廓形肩部放宽，腰部紧束成整体造型的中轴，臀型自然，下摆散开，主要突出腰部曲线，腰部是整套服装的视觉中心，如图 1-1-2 所示。

图 1-1-2　X 型

H 型：也称矩形、箱型、筒形、布袋型。造型特点为整体呈长方形，平肩，强调左右肩幅，顺着人体的轮廓通过放宽腰围（不收腰），从肩端处直线下垂至衣摆而形成筒形下摆，如图 1-1-3 所示。

图 1-1-3　H 型

T 型：也被称为倒三角形。肩部夸张，下摆内收，形成上宽下窄的造型效果，如图 1-1-4 所示。

图 1-1-4　T 型

O 型：也称为圆形、茧型。外轮廓成椭圆形，肩部、腰部没有明显的棱角，腰部松弛，外形饱满、圆润，如图 1-1-5 所示。

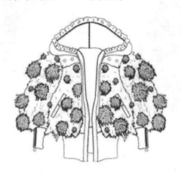

图 1-1-5　O 型

S 型：依附女性身体曲线形成的紧身造型，突显成熟女性魅力的造型，胸围、腰围、臀围乃至腿部仅仅保留满足人体运动所需要的量，长度仅到大腿。下部没有往外打开的裙摆的廓形称为小 S 型，类似于鱼尾裙那样裙摆下部往外打开的廓形称为大 S 型，如图 1-1-6 所示。

图 1-1-6　S 型

Y 型：肩线下落，胸部放松，臀部收紧，呈现上松下紧的造型样式，外部轮廓像大写的英文字母 Y，如图 1-1-7 所示。

图 1-1-7 Y 型

不同的外部轮廓线需要不同的内部结构线将面料划分为不同形状的块面组合，于是结构线的功能性就十分强烈。通过结构线，二维平面的面料能形成人体曲面的三维立体包裹，从而达到塑造人体美的效果。而分割线，我们更愿意将其视为一种为了达到某种效果而故意为之的线，因为没有这样的线也不影响整个服饰的完整性。分割线的功能远不像结构线那样必不可少，而是一种同时具备造型和装饰功能的线。如果认为在这部分探讨的问题与前面关于线的结构的部分完全不相关，那就大错特错了。H 型与 S 型的差异就在于外部轮廓线分别为直线和曲线，这种差别有多大，只需要将水桶腰的休闲造型和鱼尾裙的剪影放在一起就会非常清楚。剪影之下的 H 型无法确定着装者是男是女，而玲珑又富于变化的 S 型却美得让人心醉，这大概最能体现服饰造型艺术中直线和曲线所呈现的巨大差异。

线在服装设计中除造型功能之外，还有装饰功能，其更多地属于一种细节设计。为了达到美的效果，这些线可以被用到任何不影响穿着功能的地方。其手法也极其丰富，如装饰镶边，此外还有装饰花纹、明辑线、嵌线、图案等。明辑线中又有许多不同的类型，这些线条除了与分割线和结构线相结合产生一种装饰效果之外，还可以以任何形状分布在任何部位。比如当克里斯汀·迪奥首次将 Z 字形锯齿线用在服装上时，艺术家和设计师对于不同线在服装上的使用的探索便一发不可收拾了。

如今，生产缝纫设备的公司都致力于研发能缝制出更多形形色色的装饰明线的机器，以满足服饰造型艺术中多方面的需要。蕾丝花边是女性服装设计中最多见的装饰类线，由于用量之大，手法之丰富，使得蕾丝花边几乎成了女性的代名词。这些装饰性的线车缝到服装上后，便随着服装结构的起伏变化形成立体的形态，也有了空间的前后变化，层次自然是相当丰富的。而当线作为一种面料图案出现在服饰造型艺术中时，和前面探讨过的点一样，由于人体的凹凸起伏以及服装结构的变化，线也使服装产生了奇妙的变化。不过，这种变化比点带来的要大得多。

除了动感之外，最让人着迷的是线能在一定程度上对人体维度产生夸张的作用。紧身的针织直线横条纹穿在女性身上之后，奇妙的事情发生了，原本水平的直线在穿上后竟然变成了曲线，而这曲线使女性起伏的三维更加鲜明。在这种起伏的韵律中，人好像一下子长高了许多，于是你开始觉得线似乎是有魔力的。但是生活经验告诉你，眼前的一切都不是真的。原因在于这些包裹女性身体的线。人的视线会特别关注到胸围、臀围附近，由于人体三维特征和面料弹性所带来的线条鲜明的弯曲变化，腰围上的这种变化则十分明显。至于为何会有人长高的错觉，除了三维的突显会增加人高度上的感觉之外，人的视觉趋向于将原来的横向条纹规律往头顶和脚下两端无限延伸，因此产生拉长人体的错觉。如果要问为何这种延伸不是出现在人体的两侧，只需要画出相同的两个面积，其中一个填充呈横方向的线，另外一个填充粗细相同的竖方向的线，视觉就会告诉你答案。

以上的现象在非弹力面料的服装设计造型中同样存在，但弹力面料要更加鲜明一些。装饰性线条在服装设计中的魅力如此巨大，难怪艺术家和设计师们如此钟情于它！

辅料在服装设计中既有功能性作用，也有装饰效果。拉链、子母扣、绳带一般都具有闭合性功能。在运动类、休闲类、前卫性服装中，这些线状的辅料最为多见，其质地、色彩、形状等都有极大的选择性。辅料的生产厂家会注重辅料的装饰性，比如拉链的拉头就有许多不同的设计，以适应服装设计方方面面的需求。而艺术家或设计师也更加注重这些小小的辅料在服装设计中的作用，其运用部位也十分广泛。比如，拉链除了用在门襟、侧缝、领围、口袋等处之外，袖口、脚口甚至膝盖、腰围等处都能见到。有时候，艺术家或设计师甚至将辅料完全作为一种装饰工艺用在各个部位，如将拉链重叠、交错排列对服装表面进行装饰，还通过对颜色、粗细进行一些变化，使其产生丰富的视觉效果，扩展辅料的装饰作用是未来发展空间较大的一种细节设计手法。

在服装设计中，线形的饰品是非常丰富的。项链、手链、挂饰、围巾、腰带、包带等都是线形。这些线形的饰品以各种形式缠绕在人身上，是体现服装艺术魅力不可或缺的部分。搭配和服装具有类似特点的项链往往会使服饰造型锦上添花。而脖子上挂上好几条项链的情况也不是没有，这种生活中不常见的佩戴方法一旦搬上 T 台或舞台，其吸引眼球的作用不言而喻。在服装设计中，饰品有时是作为营造一种特定的效果而存在的，而这种效果是艺术家或设计师经过深思熟虑而为的，并非出于偶然随意。此外，线形的饰品除了用来点缀原本已经特点鲜明的服装造型以外，还常常被用于打破服装造型的沉闷与死板。具体的效果，还需要服装设计师在设计过程中具体把握。

（3）面

当我们将一根棍子放在沙滩上，然后让棍子移动的时候，我们会发现棍子移动的轨迹形成了一个面，这就是几何学上的面的概念在实际生活中的写照。

服装设计过程中的面和点、线一样同时具备二维和三维特点。二维平面内的面只有宽度和长度，而三维立体的面则有厚度、色彩和质感的，是视野上被线围起来的领域，这个领域比点大，比线宽。值得注意的是，领域的边缘存在着轮廓线，面是依附于线而存在的，因为没有那些线的围合，也就不存在所谓的面。当一个围合起来的领域被突如其来的线分割时，原本的一个领域就变成了两个不同的领域，即一个面被分割成了两个面。而当这条突如其来的线消失后，被分割的两个领域又还原为一个完整的领域。

用于构成服装设计过程中的面料裁片均是由面构成的，从这个层面上来说，面在服装上具有十分强烈的功能性。与其说服装设计中的面是依附于服装的结构线而存在的，不如说服装设计中的服装结构线和面是相互依存的，没有面，服装结构线也就不存在。在日常生活的服装中，面都被放置在常规位置，如前衣片、后衣片、裙摆等都是面。但在创意型服装中，面的位置可以是任意的，艺术家或设计师通过别出心裁的安排，使得这些有别于常规服装的面得以突显，引人注意。

服装设计中如果面以数量少而大的形式存在，那么简单大方的感觉会增加，但有时也难免会因为过于沉稳而显得有一些死板，这种死板的感觉会随着面的数量的增加而逐渐消失，当面的数量进一步增加时，活泼的感觉也会增加。这是由于人的视觉在看到较多的块面时，视线在这些块面之间流动，从而在心理上产生愉悦的感觉。于是，我们可以得出结论：数量多的块面所形成的服装设计比数量少的具有更强的表现力。

关于面的形状，我们不妨从平面和曲面两方面来探讨。平面的面我们可以概括为三角形、矩形、圆形和不规则形几个小的分类。

服装设计中，将面料裁剪成三角形或是使用三角形进行装饰时，如果尖角朝下、底边朝上，日常生活中的经验告诉我们这是要倒的，于是心理上会产生不安全、不稳定的紧张感。如果是底边朝下，心理上的紧张感就会消失，代之以安全而稳定的感受。同样是底边朝下时，底边短而高度较高的三角形显得高挑、修长、尖锐但脆弱；而底边宽而高度较矮的三角形则会显得坚实、有力，但却有点笨重。

在日常生活中矩形形状的东西似乎都非常稳定。正方形是矩形中的特殊情况，它四条边都一样长，大多数人对正方形的认识都是如此，认为四条边没有什么差别。但瓦西里·康汀斯基对正方形做的研究是前无古人的。他认为，正方形上面的边长有轻快自由之感，左边的边长与之类似。底下的边长有束缚和笨重之感，右边的边长和底边的类似。于是，正方形就呈现出一种上轻下重的感觉，如果将正方形四边中点相连的话，视觉上好像并不会觉得被分割的四个小的正方形是一样重的，最轻的是左上角那个正方形，其次是右上角那个，最重的是右下角那个。因此，如果要使四个正方形在视觉上看上去是一样重的，横方向上的分割线要偏离中点往上一点。我们会发现，其左上边变得轻盈，其次是右上边，最让人觉得紧张的是右下边，再是左下边。与正方形相比，菱形要活泼得多，但最大的特点是不稳定性。倘若将菱形的高度增加，其尖锐感、上升感增强了，灵巧特征鲜明起来了，不稳定性却增强了。生活中高而尖的菱形物体确实无法直接立于地面，只有将其锐利的尖角插进地面一小段才能站立起来，所以让人感觉最不稳定。

相比之下，圆形的不稳定感就要小得多。而椭圆的情况要复杂一些，在其高度比宽度明显大得多的时候不稳定感会增加，虽然和菱形的情况有些类似，但没有菱形的尖锐感，而是柔和而圆润的感觉。但当椭圆的宽度比高度大得多的时候，人们感受到的是稳定、安全、静穆、优雅。

当线沿曲线运动时，我们得到的就是曲面。圆锥体、圆柱体的表面都是曲面。在服饰造型艺术中，当面料弯曲形成弧度的时候，曲面就形成了。当面料硬朗或添加内衬的时候，更有利于形成曲面。曲面打破了面料扁平缺乏力量的特征。相比之下，曲面比平面的视觉冲击力要强得多，因为曲面形成的是一种立体空间中的面，其个性要比平面的面更鲜明。在创意型服装设计中，曲面是十分常见的。

在服装设计中，面的厚薄如果不依赖面料的厚薄来体现，那就通过填充物及层叠来形成一种长度、宽度比厚度大得多的面。较厚的面料所形成的面容易让人感到温暖、实在，但也会让人觉得笨重、呆板、没有生气。相比之下，轻薄类面料形成的面就充满了轻盈、快活、飘逸之感，甚至还会有点虚无缥缈。于是，我们很自然地发现，厚而不透明的面会增加服饰造型艺术的实在感，透明或半透明的面料就能营造出虚的效果。在不同厚薄的面进行协调搭配时，视觉上的效果就会变得丰富，能给面带来虚实差异的不仅仅是面的厚薄，当我们运用相同厚度但不同颜色的面进行服饰造型设计时，我们会发现明度高的面好像要比明度低的面轻薄很多，于是产生一种高明度的面比低明度的面在空间上离我们更远的错觉，于是二者的虚实差异就体现出来了。当大小不同的面组合在一起的时候，大的面更加容易引起视觉的注意，其虚实的感觉也是非常明显的。

"面"的表现形式包括裁片与零部件、装饰图案、饰品、工艺手法。关于裁片在服装设计艺术中的运用前面已经探讨过了，值得一提的是，当相同颜色的裁片进行拼接时，线的特征比面的特征更加鲜明，只有将不同颜色的面料进行拼接，至少是用两种颜色将所有的块面都间隔开，此时面的特征才得以显现。面也可以是服饰造型艺术中的零部件，比如平贴的口袋、宽大的领子等。若这些零部件与整体造型相协调，再加上颜色、质地上的变化，整体的服饰造型会更有层次。

装饰图案如果要形成面的感觉，那么图案的面积一定要足够大。由于图案本身独特的艺术感染力，加上面积大，很自然会成为服装设计的视觉中心，这也是服装设计中非常常用的装饰手法。

服装设计中最常见的面形饰品是宽大的围巾、披肩、三角巾等，当然还有大檐帽、扁平的包袋。沙滩度假的超大檐草帽是体现度假特征的鲜明标志，搭配以飘逸的长裙，惬意的假日气氛便扑面而来，甚至都能感受到海边空气中的湿润气息。在一些创意型的服装设计中，一些夸张的饰品会有助于提升整体的艺术感染力。

通过对面料进行改造后，面的感觉会得到加强。对于面料的改造，三宅一生可谓是独具创意。他不仅运用日本宣纸、白棉布、针织棉布、亚麻改造出各种褶皱和肌理，还将现代科学技术及他的个人哲学思想融合于褶皱面料中，这是他的服装设计散发独特魅力的源泉，也因如此，人们将三宅一生称为"面料魔术"。

想要获得一些特殊的面，工艺手法不仅仅局限于对已有面料的改造，将一些珠片、绳带紧密排列组合，如此形成的面的效果同样强烈。西方古代手工编织的大块蕾丝同样是面的一种，只是在现在，蕾丝已经由机器织出，并且幅宽还不小，因此我们会觉得蕾丝是一种布料，而非一种面的特殊工艺手法。

（4）体

如果我们将面进行移动，它移动的轨迹就是体；把众多的面进行重叠，使其厚度增加，也会得到体。在服装设计中，体是三维空间中确实存在的实体，其中最简单的是立方体、球体、锥体、圆柱体。体在服装设计中是相对的，只有当一个立方体相对于整体造型而言比较大的时候，我们才将其称为体。此外，服饰造型艺术中的体不仅有长度、宽度、高度、厚度等元素，还有色彩与质地。

在服装设计中，体积感强烈的部分非常容易引起人们视觉的注意。于是，想要营造一些体积时，不得不考虑这些体积所出现的位置是否会影响到整体的美观。一般而言，在人的腰部不适合塑造巨大的体积，这样容易使人看起来臃肿。此外，在满足服装功能的基础上再来塑造体积似乎更合理一些。

如果想在脖子这样的部位做出体积感，就需要对服装结构和人体的舒适程度予以充分考虑。当然，在肩部做羊腿袖、灯笼袖之类的处理是非常合适的，不仅如此，袖口上用蓬起的皮草做出体积也是可以的，我们只需要将袖子的长度稍微减短一些，不仅会使服装设计显得更轻盈些，也会减少皮草的体积对人活动的影响。如果将人的腰部以下处理成接近锥体，尽管多少有些笨重的感觉，但至少会是比较沉稳的。不能忽略的是，艺术家或设计师常常将人的头发塑造成体，或者是将体积感很强的装饰物顶在人的脑袋上，这无疑会带来强烈的视觉效果。有时平淡无奇的服装搭配上夸张的头饰之后，效果就截然不同了。但如果想在裙摆的底部运用大量的体积来造型的话，只会造成极其笨重的违和感。

在日常生活中，我们常常用少量的带有体积的包来搭配整体，以取得突出的视觉效果。一些服装有意地将肩部塑造成球形，并通过减少其他部位的装饰来突显肩部的特殊处理。一些创意性服装设计或舞台服装设计有时大量使用强烈体积感的元素，以取得夸张、怪诞、离奇的效果。因此，当少量的体出现在服装设计中时，容易达到吸引视线的作用，而当体的数量增多时，强烈的体积感会大大抹杀服饰的灵巧、轻盈效果，取而代之的是烦琐和笨重的感觉。

从形状上而言，体不仅仅可以是一些简单几何体，还可以是点线的排列组合，抑或是点线构成的内部空间。只要是造型需要，在工艺技术上能实现，体可以是任意形状。由此，我们会发现，体的形状是如此千变万化，我们仅仅能从简单和复杂两个方面来对其进行概括。简单的体是以立方体、球体、锥体、圆柱体为主的几何体；而除此之外的一些几何体及一些不规则的体都可概括为复杂的体，比如那些通过面的卷曲、合拢、堆积所形成的变化多端的体，以及那些由点、线、面综合运用而形成的体。

在古代西方洛可可、巴洛克时代，为了使裙子的体积得到膨大的效果，女性不得不将笨重的裙撑穿在身上。直到现在，一些礼服仍然通过裙撑来增加裙子的体积感。这些巨大的体使裙子看上去更加厚实、大方，整体的效果也更为显目，但会带来突兀、笨重的特点。反倒是一些较小的体会更容易体现出活泼、跳跃的视觉感受。比如，帽子包裹头部后就形成了不大不小的体，如果色彩再鲜艳些，人的头部就会变得异常活泼跳跃。

体的虚实和点线有着较大的差别。用较少的细铁丝缠绕，形成一个中间空心的体时，与铅球相比，我们很自然地觉得前者是虚的，后者是实的，然而，并不是空心的、不重的体都是虚的，如果是用面围合而成的体，视觉上就会觉得是实的。薄纱材质的半透明泡泡袖会给人虚的感觉，而如果换成了皮革那就是实的。但如果皮革是镂空的，尤其当这镂空的体和没有镂空过的体同时出现在眼前的时候，虚实的差异就显现了。那到底哪些体才算是虚的体呢？虚的体是指那些外部轮廓不完全封闭、半透明或是镂空材质构成的体。与之相对应的，由不透明的材质所构成的外部轮廓完全封闭的体就是实体。有趣的是，薄纱材质如果被裁剪成大小递减的重叠的形状，然后按从小到大再到小排列形成的体，远看会出现由虚到实的过渡，巧妙地运用镂空材质进行堆砌也会得到类似的效果。当然，想要营造虚实之间的渐变方法远不止以上两种，之所以提出来是用来说明服装设计中体的虚和实是可以转化的。不可忽略的是，和面一样，体的虚实和色彩也有很大的关系，这里不再赘述。

在服装设计中，如果有意地把衣身的体积膨大，或者在零部件中有一些明显立体的造型，或是把局部处理成凹凸变化的样子，我们的视觉就很容易因为这些部位的强烈分量感而深深地被这些实体吸引。体在服饰造型艺术中主要表现为衣身、零部件、饰品三大类。

首先说，衣身。在日常生活中，衣身上的体不会太过强烈，最为多见的是秋冬装，如羽绒服、棉衣、裘皮大衣等。另外，衣身上通过反复系扎可以得到多个起伏的体。

但是在创意型、晚礼服、婚纱等类型的服装设计中，体的运用就更加丰富了。约翰·加利亚诺在迪奥任创意总监的时候，对服装设计中体积的重视与创新，可谓是对迪奥创始人克里斯汀·迪奥所建立起来的华丽风格最好的继承和发扬。约翰·加利亚诺大胆地把体运用在裙摆上，面料堆砌、捆扎、褶皱运用、结构的改变等方式使设计的裙子体积感强烈，他还将东方元素运用其中，又使得裙子的圆锥造型富于创新与变化。如果说体的塑造一般不会用于腰部，那么这条法则在约翰·加利亚诺那里好像并不受用，约翰·加利亚诺的服装设计作品从胸上围到大腿中部完全被一个大大的球状体包裹，似乎是故意要颠覆大家所习惯的体现三维差的造型，但这个几乎完全包裹人体躯干的球状体却不笨拙，这要归功于那些有意设计的流动的褶皱，这些富于韵律感的褶皱分散了我们的视线，因此在一定程度上增加了整个设计的轻快感。除此之外，约翰·加利亚诺也常常运用面料的多层拼接来塑造体积感，形成富于层次感以及旋律的服装设计作品。

在零部件方面，除了前面已经提及的泡泡袖之外，袖子如果也像衣身那样反复系扎，就会得到像冰糖葫芦一样可爱的造型，这是女童服装中常用的袖型。除此之外，服装设计方面夸张而立体的装饰领、风帽以及为了彰显个性而向工装借鉴的立体口袋等，都是体积感强烈的零部件。这些零部件作为整体服装造型艺术的一部分，与其他部位和谐搭配之后，整体的特点会得到更好的彰显。

在服饰品方面，一些较大的立体包在饰品中是最为常见的体，这些包形态各异，有的成熟，有的前卫，还有的简洁……如果你认为包是服装设计中可有可无的，那你就错了，几乎所有的品牌都不会忽略包这种饰品在服装设计中的作用，像爱马仕（Hermes）、古驰（GUCCI）这样的品牌常常把包作为特色来处理。如果把围巾作为立体造型来处理，往往会取得意想不到的效果，最容易使围巾产生立体感的非皮草莫属，这种立体感因不同种类的毛而产生不同的视觉效果，羽毛轻盈飘逸，而水貂毛、狐狸毛则更加厚实。善用皮草来进行服装设计的品牌有芬迪（FENDI）。

芬迪（FENDI）是 1925 年由 Adeele 于意大利罗马创立的，专门生产高品质毛皮制品，1955 年首次举行芬迪时装发布会，1965 年，由于卡尔·拉格斐（Karl Lagerfeld）加入芬迪，该品牌如今已发展成以奢华皮草和经典手袋为特色的品牌，在世界高级时装界享有盛誉的奢侈品品牌。

（5）要素间的关系

第一，相对性与相互转化。在我们一开始探讨服装设计要素的时候，我们就提出服装设计中的点是基于比较而存在的。不仅点是如此，线、面、体也都是如此，这就意味着我们在服装设计中判断一些要素到底是属于哪一类的时候，要先把它和整体比较一下。因此，点、线、面、体的概念其实是有一定的模糊性的。同样大小的一个二维平面圆形，如果放在体积感强烈而巨大的服装上，看上去就会是点，而如果放在一件短款吊带上，那就是一个面了。还有一种情况是当三维立体的点体积逐渐变大的时候，点就会变成体。上面的例子很清楚地说明了服装设计形式要素之间，除了范畴的相对性和模糊性之外，还包含了概念的相互转化，这种转化在点线面体之间都存在。当点沿一定方向排列，点就转化成了线；当线越来越粗时，视觉上就会感觉它已经具备了体的特征；而如果把面的厚度增加到一定程度的时候，面也会转化为体。反过来，我们把体逐渐缩小的时候，体的视觉冲击力会随之变小，与此同时，在概念上也会从体转化为点。

于是，我们很容易发现，点、线、面、体之间的转化其实是可逆的。如果你认为服装设计是一种视觉艺术，这样的感觉在一定程度上是有道理的，至少从服装设计形式要素的层面上来说，这一切都有赖于视觉的判断。

第二，形式的可变性。从服装设计形式要素之间的关系角度来说，各要素形式的转化是非常重要的部分。形式的可变性更注重的是要素通过某种排列后，转化成其他的设计形式要素，比如当我们把点在平面内密集排列后，这种设计形式就把点转化成了面。同样的，线的排列也会得到面，而面的堆砌与组合则会形成体。当我们堆砌立体的线时得到的可能是面，也有可能是体，至于到底是体还是面，那就得看堆砌的厚度了。立体的点在三维空间中排列或堆砌时不断增加厚度，那最终得到的就会是体。

第三，要素的协调。服装设计可以说就是点、线、面结合而形成的有内部空间的体，从这个意义上来说，似乎各个形式的要素在服装设计中都是必不可少的。然而，人的视觉并不像大脑那么理性，总是自然而容易地就被服装设计中一些特征最鲜明的元素所吸引。艺术家或设计师总是想办法把每一次的设计都做得有区别且使其特征鲜明，以此吸引人们的注意。在运用各个形式的要素进行服装设计的过程中，到底要突显哪一种要素就十分重要。

如果是单个要素的凸显，我们通常会见到，一些艺术家或设计师通过色彩的差别，使点能够更好地得以突显，如浅驼色的风衣搭配黑色的纽扣、红色针织衫上分布的白色小点；如果在服装设计中搭配上各种小饰品，那就容易让人感受到活泼的特征；若是在领边、底摆、袖口等一些地方来一些点状图案，这些部位就会更加突出。

如果点的分布没有什么规律就容易产生混乱的感觉，职业装上整齐排列在门襟上的扣子容易产生规范的特点，如果能将大点和小点搭配就容易产生变化。

若点在左右两边的分布完全一样就容易产生平稳的特点，如果严重地偏向某一边就会失去平衡。在服装设计中如果想要突显点这一形式要素，除了面料图案外，往往会通过强调该点与其他部位的差异性，以此获得该点在视觉上的突出地位。

服装设计形式要素中线的突显与面料的质地有密切联系。丝绸面料的晚礼服大多外轮廓线舒展、优雅，同样的设计，如果换成薄纱面料，就会产生自然流畅之感。面料上细而不明显的线条容易使服装设计体现纤弱的特点，由宽线条为主要设计要素来进行服装设计呈现出来的更多的是阳刚、有力的特点。如果服装设计上主要是运用半透明的面料，并在上面排列上色彩差别不大的、细而短的线条，那么所产生的艺术效果就是朦胧的。想要运用线元素体现出优雅之感，曲线当然是首选，线元素具备比点更丰富、运用起来更加灵活的元素，其所产生的设计特点还有华丽、刚毅、凌乱等。

在服装设计中，如果要使面的特征鲜明起来，可以运用色彩使得每个裁片都独立起来，除此之外，还可运用大块面来设计，并尽量减少设计中的点缀元素。面料的层叠后递减也是面设计的一种主要方式，但最终视觉上呈现出来的并不是面的特征，而是那些因面料的逐渐递减而排列的面料边缘线。这说明主要设计要素的运用与最终服装设计所呈现的视觉特征并不是完全一致的。分割线少的服装容易因面感强烈而呈现出朴实自然的特点，当然，这种不加过多修饰的面感也容易体现出中性或者休闲的味道，二者之间的差别主要受廓形及面料的影响。夸张的裙身、巨大的配件无论如何都很难掩盖笨重的视觉感受，因为体积大，所以会比其他元素为主的服饰造型更为显目。因此，不少秀场的压轴服装都是一些"庞然大物"。但前面所说的这种笨重并不是只有穿上才能体会到，而是生活中巨大体积感的东西往往都非常沉重，这种思维定式最终转化为一种视觉心理，让人觉得体积大的都是重的，尤其是那些看上去质地厚实、外轮廓线实在的东西。当然，在寒冷的冬天我们看到一件皮草的时候会感觉温暖。

只有当服装设计中局部出现一些较小的体积的时候，我们视觉上的笨重感才会变成跳跃感。

此外，如果是多种要素的综合，即如果说要比较视觉效果的丰富性，那么任何一种设计要素的单独使用都无法和点、线、面、体的结合相比。

如果将多种设计要素生搬硬套地罗列在服装中，只会带来烦琐、杂乱无章、没有设计亮点、无视觉中心的失败效果。因此，服装设计中各种要素的结合使用，不仅要充分考虑各个要素之间的相互关系，还要注意单个要素对整体效果的影响。如果能将这些要素进行一些有规律的排列组合，那么至少视觉上不会那么凌乱，在此之上若还能区分一下主次关系就更好了。除此之外还得充分考虑色彩、质地所带来的影响。因此，在点、线、面结合运用之前，事先进行一些研究，弄明白自己到底想表达什么，然后再开始动手，这会更加有利于整体设计效果的表现，也有边做边改、边改边设计的设计方法，这样的方法会比全然不知道要表达什么就开始乱做一通要好得多。殊不知，大师们的信手拈来是在多少个日日夜夜的实践经验中才练就出来的，所谓"台上一分钟，台下十年功"说的就是这个道理。

单一要素的运用会相对简单很多。因为单一要素在使用的时候，统一的秩序感是很容易营造的，多要素结合时难以解决的协调问题在这里也变得简单起来。因此，在单一要素运用的时候只需要考虑如何排列组合的问题，而如果想要达到更好的设计效果，不妨从色彩、材质、形状、大小等方面来考虑。

如果能有自己新的见解的体现，那是最好不过了。如果还想达到更完美的效果，那就得充分考虑不同角度的各种效果、工艺结构的处理是否别具一格、设计的内在精神特征等方面的问题。如果对多种要素综合运用没有把握，用单一要素来进行设计是一个相对安全的选择，但并不是说用单一的设计要素来进行服装设计就是最完美的，完全不经过思考的随意罗列，只会出现死板、单调、生硬等效果，使整体设计流于俗套。

（三）服装设计的目的

1.个体性设计

为个人设计着装要根据穿着者的生理条件、性格爱好、穿着目的和穿着场合的需要进行构思，并以满足穿着者的生理和心理需要为目标。

2.团体性设计

根据不同团体的特征，可以为该团体进行专门的服装设计。通常参考团体成员的着装环境、工作性质和穿着目的等因素来进行构思。除此之外，优秀的团体服装设计还必须考虑每位成员的生理和心理特点，深入挖掘其共性，将团体凝聚力充分体现在外在的服装上。同时，运用恰当的设计手法，协调团体与外界的关系，这也是设计时不可忽视的问题。

3.时装展示性设计

时装展示有商业性、生产性、学术性、文娱性等形式，并可将其分为静态展示和动态展示两大类：

（1）静态展示是指展馆、橱窗中的时装陈列。

（2）动态展示是指时装表演活动。

从本质上讲，展示型服装必须以烘托服装展示的整体效果为目的。因此，此类设计要充分调动创意思维，进行大胆地设想。同时，服装的设计要围绕展示的主题来展开，并为服装搭配饰品，探讨系列关系的组合方式。时装展示使服装设计不仅仅局限于其实用性和普遍接受性，还极大程度地拓展了服装设计的意义与内涵，使得服装设计成为一项真正意义上的艺术活动。

4.满足服装市场需求

现代服装企业绝大多数都拥有企业自己的设计师，服装企业为设计师提供了展示才华的平台，而设计师的工作则是将自己的创意加工为作品，并通过企业的批量生产进而转化为产品。对于服装企业来说，拥有优秀的设计师无疑能够帮助其拓宽市场，因而设计是影响服装销量的重要因素。对于专为市场设计的产品而言，设计师必须要掌握市场动向，把握好受众需求，才能够获得绝大多数消费者的认可。

（四）现代艺术思潮对服装设计的影响

1.工艺美术运动

第一届世界博览会于1851年在伦敦开幕，该博览会是现代工业时代到来的象征，在该博览会中，所有参展作品都是现代工业发展的产物，是人类的智慧和劳动成果的体现。英国政府为了迎接这场世博会的到来，特意建造了一座彰显现代文明的建筑"水晶宫"，该建筑是由钢材和玻璃建造而成，因此其具有极佳的采光效果和巨大的空间感。而这座建筑最值得称赞之处，便是其设计所展现出来的新观念，开始追求实用性，正视"人"对于建筑提出的使用要求。

早在19世纪中叶，随着缝纫机的问世，沃斯便在巴黎开设了第一家高级时装店，由此也推动了高级女装业（Haute Couture）的发展，这些历史都可看作是现代服装设计的前奏。同样在这一时期，由于工艺美术运动思潮的影响不断扩大，服装设计师的地位较从前大幅度提升，并逐渐成为世人公认的艺术家，此期的沃斯专为当时的社会上流人士设计服装，因而其作品多雍容华贵且时尚前卫。此外，从沃斯的作品中我们能够看到他极其善于把握面料的属性，讲究服装结构工艺，能够通过细致的处理将女性最美的一面最大化地展现出来，从他的每件作品中都能找到他独有的风格特色，但每一件作品又都是具有个性的。

2.新艺术运动

19世纪末20世纪初，欧洲国家逐渐兴起一种形式主义运动，该运动对服装设计领域最大的影响是大力号召服装设计师对原有的服装造型款式进行改造，这便是新艺术运动（Newart Nouveau）。新艺术运动不仅对服装设计领域产生重要影响，就连建筑、家具、产品、首饰，甚至是平面设计、书籍装帧、雕塑、绘画等领域都不同程度地吸收了相关思想。

新艺术运动不仅唤起人们对传统手工艺的兴趣，还将这些传统手工艺的内涵价值进行挖掘与升华。因此，许多服装设计师在进行新的创作时，往往选择放弃传统的浮夸烦琐的形式与装饰，并用自然纯朴的元素代替。所以这一时期的服装纹样多为花草、动物。此外，新艺术运动还大量借鉴了东方艺术特色，例如，日本浮世绘的风格特色在此时期的服装中就有大量运用。

虽然新艺术运动风靡一时，但仍然有许多服装界学者对这种服装设计理念抱有怀疑甚至完全否定的态度。例如，法国许多高级时装设计师曾对服装的工业化批量生产及服装审美方向问题展开过激烈地讨论，但最终他们将讨论的焦点落在束缚西方女性身体的紧身胸衣上，因此这一阶段，新艺术运动在服装设计领域中最大的特点便演化为对身形曲线的追求。

3.装饰艺术运动

在20世纪二三十年代，欧美地区又流行起装饰艺术运动，与此同时兴起的还有现代主义运动。这两种艺术思潮在相互碰撞的过程中也产生了一定程度的相互借鉴与融合，因而无论是在设计的形式上还是在材料的选用上，装饰艺术都散发着现代主义的气息。装饰艺术运动拒绝古典主义的、自然的、单纯手工的倾向，极力推崇机械美学，强调装饰效果，是针对"新艺术"运动风格的现代性艺术思潮。"装饰艺术"运动将传统与古典作为创意的源泉与养分，将机械化生产作为现代设计的依托，并以一种积极的时代性面貌展示在大众面前，成为在大众中十分流行的艺术风格，因而一些西方的设计理论家将"装饰艺术"运动称为"流行的现代主义"或者"大众化的现代主义"。这一时期，服装设计还大量借鉴了舞台艺术风格，并展现出"装饰艺术"运动的特色。

4.现代主义艺术运动

现代主义艺术可被看作是一场针对传统意识的革命，它诞生于欧洲大陆，并且影响甚广。不仅在哲学、心理学、美学等方面具有强大的影响力，甚至在艺术、文学、音乐、舞蹈乃至现代设计等领域，都有强烈的存在感。同样，服装业也不可避免地向工业化靠拢，传统手工制作业只能为少数社会上流人服务，而在当今社会，大众化已成为不可逆转的趋势，服装业也随之焕发新生。现代主义运动带来了更丰富的艺术风格，而现代主义的包容特性又使得这些风格并存，并促使他们相互影响。可以说现代艺术具有十分理性的结构，而这一恢宏的体系又是建立在历史的基础之上的，从塞尚到毕加索，由古典主义到现代主义，以及之后出现的现代构成主义、波普艺术、蒙德里安艺术、街头文化等艺术风格，都对服装设计产生了不同程度的影响。设计也是艺术的一个分支，因而各种艺术风格都会在设计中得以体现，现代主义时代各类艺术风格共生共存的现象也成为现代服装设计的基本理念，现代服装的艺术设计理论、构成要素、形式美原理、审美情趣等也从现代艺术理念中衍生而来。我们从许多现代著名的世界时装大师的作品中，也可以找到这些艺术理念的身影，他们一直都是指引时尚潮流方向的风向标。

第二节　现代服装设计的内容分析

一、设计服装的知识

服装设计是一种综合性非常强的艺术造型形式，这种艺术造型形式之美是材料美、结构美、工艺美、款式美、色彩美以及工艺美的结合，这种结合并不等于将上述各美的因素相加，这和我们把服装构成的要素归纳为款式、面料、色彩三大部分一样，不是说随便拿来一个款式，不管面料的色彩和特点，缝上了就是服装艺术。款式、色彩、面料是艺术家或服装设计师用以体现自身服饰造型艺术思想的要素，各个要素之间是需要相互协调的，共同为体现设计思想而服务。

（一）款式

款式是服装艺术中具体的服装或饰品的样式，包括服装结构设计和外轮廓造型两个方面。服装的外轮廓造型又称为廓形，主要指服装外部边缘线，是服装设计的剪影。

如果把服装结构叫作内部结构线，而把外轮廓造型叫作外部轮廓线，那就相当于把款式分解为表现外在特征的外部轮廓部分，以及表现内在特征的内部结构线。服装的内部结构和外部轮廓二者是不可分割的整体，为了完成某种外部轮廓造型，必然要从结构入手，使得服装材料服从于结构的需要和安排。

艺术家和设计师的高明之处在于，不仅能使内在结构符合外部轮廓造型的需求，同时还使服饰内部结构符合整体造型的内在精神需求，这种造型形式和内在精神的统一使得服装呈现出和谐或空灵，华丽或冷艳的美。

那到底是外部轮廓还是内部结构决定了服装的主要特征呢？很显然，内在结构的变化首先取决于外部轮廓造型的需要。其次，人的视觉总是先关注到整体服装的外部轮廓造型，再关注到内部的结构和其他细节。因此，无论从功能上还是从视觉上来说，外部轮廓决定了服装的主要特征。

必须要提醒的是，除了内部结构之外，服装的工艺也是影响服装外部轮廓造型的一个因素。工艺设计是服装款式设计的附属部分，虽然不及外部轮廓线和内部结构线那么重要，却也是实现服装服饰款式必不可少的一个部分。

（二）色彩

1.色彩概述

著名的服装设计大师皮尔·卡丹这样描述色彩："我创作时最重视色彩，因为色彩很远就能被人看到，其次才是样式。的确，在服饰造型艺术中，色彩总是会给人一种先入为主的感觉，似乎人们对色彩的印象在款式之前，但我们并不能因此认为色彩在服饰造型上的作用是第一位的。你可曾想过，没有款式，色彩该如何在服饰造型艺术中来体现自身的美？"因此，皮尔·卡丹对色彩的重视不是抛开款式来谈色彩，更何况，皮尔·卡丹明确说明色彩更引人注意的前提是在远一点的地方，但即便在远处，倘若服装的色彩与环境的色彩非常接近的时候，这样的色彩不仅不能引起人们的注意，反而使服装被环境所淹没，我们只需要想一想大草原上动物们的皮毛颜色的伪装作用自然就明白了。因此，没有距离这个因素，没有色彩的强烈对比前提，皮尔·卡丹这句话是无法成立的。从上述的论述中，我们发现色彩和环境之间是有差异性和同一性两种情况的，那服饰造型中自身的色彩是否也存在差异性和同一性的问题呢？

纹样、图案这两个部分也是在色彩中来进行探讨的问题。尽管细分图案有纹样和色彩两个小的方面，然而，在服装中的纹样、图案更多的是通过色彩对每个部分的区分来具体呈现的，不然就需要使纹样、图案的色彩和服装面料区分开。因此，在服装设计中，纹样、图案的体现是依赖、依托于色彩的。

图案有时候可以成为服装设计中的特色部分，并形成视觉中心，在少数民族服饰造型艺术中，图案是极其重要的部分。比如对于苗族而言，服饰上的图案代替了文字，记录历史上他们迁徙的路线以及沿途所发生的事情。

2.中国传统服饰色彩搭配

中国画所用颜料多为天然矿物质或植物的粉末，用平涂的方法表现物体的固有色。中国绘画的风格流派不同，色彩关系特点不同。唐代李思训、李诏道父子被称为"大小李将军",其所代表的是以青绿山水为特征的北派,其色彩以对比为主。清代画家董荣在《养素居画学钩深》中说:"古人作画,五彩彰施,故晋、唐诸公皆用重色,笔尚勾勒。"①而王维所代表的以"诗中有画,画中有诗"为特征的南派,则以水墨为主,不施色彩。元代时南派山水代表人物黄公望等在水墨作品中覆以浅褐色,是一种高雅的色彩弱对比。明代徐渭在作画时也会上淡淡的色彩,多为物体的固有色,呈现出有色彩与无色彩的对比,但从绘画作品整体关系和气氛来看,色彩的统一特征大于对比特征,是一种统一中的对比关系。可以说中国画南派绘画中,水墨与淡彩并存,色彩关系特征一直持续至今。

中国古代服饰色彩与中国哲学及儒家思想有着极大关系。远古时代的先民取时空万象的关系建立起以"金、木、水、火、土"五行为基础的象征色彩,并形成一种特殊的哲学色彩体系,影响了后人对色彩的认识方法及运用。"金、木、水、火、土"依次对应的色彩为"白、青、黑、赤、黄",这五色被称为正色,用正色调配而成的颜色叫作间色。黄色被称为"中和之色",其是五行中心正色,象征了大地,是彩色之主。中国的上衣下裳中,上衣象征天,下裳象征地。

商周时期,服饰形式为上衣下裳制,衣用正色,裳用间色。织物色彩以暖色为多,以黄色、红色为主,棕色、褐色为辅,蓝、绿等冷色较少。商周时期的服饰染织是染绘并用的,周朝形成了比较完备的冠服制度,"非彩不入公门"的规定是服装在色彩上等级差别的初步体现。秦代以黑色为尊贵的颜色,是由于周朝"火气胜金,色尚赤",运用五行相克之理,秦克周则在色彩上需要用象征水的色彩,故尊黑色。秦灭六国之后在服装的颜色上做了统一,三品以上官员穿绿色,一般庶人穿白色,奴隶和刑徒穿红色。西汉沿用秦朝的服制依然尚黑色,但东汉则规定黑色衣服必配紫色丝织的装饰物,官员上朝穿黑色禅衣,一年四季着服。东汉还对不同场合穿的深衣边缘搭配的色彩做了规定:祭服配黑色边,朝服配红色边。儒家以服饰区分男女尊卑,体现"礼"。孔子"恶紫之夺朱也"的感叹就是将色彩赋予尊卑意识的一种体现。

在汉代推行儒家思想之后,儒家的尊卑意识积淀了中国民族的色彩心理。汉

---

① 董荣.养素居画学钩深[M].上海:上海古籍出版社,1996.

代帝王用黄色来强调自己的至尊地位,"士庶不得以赤黄为衣"。魏晋时期规定官员朝服用红色、常服用紫色,平民百姓的服装用白色。南朝对服饰的色彩和用料有规定,三品以下的官员不得穿用杂色绮做的衣服,六品以下官员只可穿七彩绮,不可使用罗绡。北朝官员在正式场合穿着朱色单衣且穿红色袍就必须搭配金带,穿小袖长身袍须搭配金玉带。唐代高宗以后对官员的服装色彩做了更加严格的规定:三品官员穿紫色,五品官员穿浅绯色,六品官员穿深绿色,七品官员穿浅绿色,八品官员穿深青色,九品官员穿浅青色。这种通过色彩来区分官员等级的制度在宋代被废止了,宋代起初官服统一为红色,中间搭配白色罗质单衣、白色绫袜和黑皮履。官员的等级通过配饰来区分。宋元丰年之后,色彩又成为区分官员等级的标识:四品以上用紫色,六品以上用绯色,九品以上用绿色,无官职穿白色,还规定穿紫色和绯色要搭配金银装饰的鱼袋。元代大臣、内宫人员,乃至乐工和卫士都穿"质孙服",用材质和色彩共同来强调官员上下级的区别同级官员用的原料和选色完全统一。元朝时最流行的服装色彩为红、黄、绿、褐、玫红、紫、金。明清两代只有帝王才能穿黄色,官员的服装色彩统一,通过服装上"补子"的图案来区分等级。中国古代丧服多为白色、黑色,被称为凶色,喜庆之日不宜穿。上了年纪的人一般都穿明度低的色彩。古代民间从事贱业的人穿绿、碧、青等色彩的服装。"绿帽子"是仆役所戴,后来衍生为妻子行为不轨的标志,男子对于绿色帽子的禁忌持续至今。

(三)面料

关于服装的材料,给人直观感受的就是服装面料。不少衣服或裤子只是单层的,饰品中单层的也非常多见,即便是两层或两层以上的材料,第一时间和人们的视觉接触的就是面料。因此,面料是服装设计材料中最为重要的部分。少了面料,那些关于款式、色彩、结构乃至意境等方面的设计都无法体现,关于功能性好坏、结构合理性等方面的探讨,都需要以面料为物质基础完成服装设计实物化之后才能进行。在一定程度上,服装材料的种类、性能、结构、质地制约和影响着服装的发展。从某种程度和意义上来说,农耕时代少数民族服装的辉煌是在当时的生产力条件下劳动人民智慧的结晶。

随着时代的发展，人们对物质生活的追求越来越高，对服装面料质量的要求也越来越高，这更多地属于人们对精神生活的追求。简单来说，当人们的物质生活得到一定的满足后，对精神生活的追求也就日益增加，对美好的追求和向往体现在服装设计方面，就是对服装审美功能要求的提高。这不仅指对服装的款式、色彩有着更高的要求，对面料的外观、服装的结构也有着更高的要求。

二、设计服装的过程

要研究服装设计艺术有关的问题，了解构成服装设计的要素是非常重要的，尽管有些方面看上去似乎很简单，但也很容易被忽略。简单说来，要完成服装，物质层面的需要是材料，技术层面的需要是制作，而要满足造型的美的需要则是设计。如果要给以上三个要素排序的话，对于服饰造型艺术来说，首要的就是设计，其次是材料和制作。

（一）设计

设计是服装造型的第一个步骤，内容包括造型设计和色彩设计。艺术家或设计师的服装设计受到材料和工艺手段的制约，设计这一步骤是提出一个假设，但这个假设是有实现的可能性的，在现实中无法实现的设计只能停留在纸面上。因此，在设计阶段中，需要对材料和制作工艺做出选择和限定，如果有新的从未使用过的特殊工艺，那最好先试试是否确实能实现。相对于色彩而言，造型是更重要的，因为没有造型也就无所谓色彩，但色彩却是影响造型的非常重要的因素。同样的造型，如果色彩艳丽而富于对比，整体的视觉冲击力会强烈得多。但如果认为在服装设计中只有强烈的色彩对比才能有助于产生较强的艺术感染力，那就错了。对色彩的选择和搭配应在符合整体设计需求下进行，也就是说，服装的色彩设计是根据要表达的内涵来进行的。

至于哪些因素会对服装的设计产生影响，法国著名的服装设计大师克里斯汀·迪奥给出了这样的答案："凡是我掌握的知识、我所看到的、听到的一切，我所存在的一切，都可归结到衣裳上去。"这里说的"衣裳"指的就是服装设计。大到社会的经济、民族文化、国家制度、国际主流文化、气候、科技、历史、艺术、宗教等因素，小到艺术家或设计师的个人阅历、世界观、价值观、人生观、情绪、受教育程度、成长经历等因素，都会对服装设计产生影响。

　　服装设计既是一种艺术的造型形式，也是一种需要满足实用功能的形式，因此，在服装设计的过程中，客观条件的影响就变得重要起来。以下的几个方面是不容忽视的，通常我们称之为服装设计的五个"w"。

　　一是"Who"。不同的人穿不同的服装，这条法则似乎不管在哪个国家、哪个民族都是适用的。这不仅意味着不同性别、不同年龄的人会穿不同的服装，同样性别与年龄的人也会因为身份地位不一样而穿不同的款式。当人们在选购服装的时候，还会根据自己的体型、肤色、喜好、性格来选择适合自己的服装。绝大部分国家的法律都明确规定人人平等，因此，古代森严的服饰等级制度已经不能对人们产生任何约束了，但不得不考虑的现实因素是，人们的经济收入存在差异，所以人们的服装选择也各不相同。还有一些因素尽管影响不是那么明显，但也不容忽视，比如受教育程度、个人艺术修养等。

　　二是"When"。一年四季人们穿戴不同的服装，季节这种客观的因素不以人的意志为转移，尽管空调暖气等设备能改变局部环境的温度，但这些设备对于四季变换来说毫无影响。除季节之外，一天之中的不同时段也是至关重要的，白天穿的和晚上穿的有明显区别，尤其在温差较大的地区，这种差别就更加突出了。更值得注意的是在影视服装造型艺术中，时代背景的不同，着装的差异也很大。然而影视艺术服务的却又是当下的观众，观众总会不自觉地以当下的服装审美去评判甚至要求影片故事里的过去的人物服装，因此影视艺术中假定的那个时代其实是当代人眼中、心中的那个时代。

　　三是"Where"。这是一个关于着装场合的问题。尽管在物资匮乏的年代里，人们出席一些重要的场合时都会尽可能穿着体面、穿戴整洁，在如今国家稳定、经济繁荣的环境里就更是如此。上班的时候穿职业装，外出旅游度假的时候换上休闲度假装，出席晚宴的时候则穿着晚礼服。在家穿的和外出穿的显然也是有区别的，室内穿的和室外穿的又是不一样的。除了具体出席场合之外，"Where"还包含了自然条件下的地域因素，这种因素是一种大的环境因素，宗教观念与宗教禁忌、民族文化都属于该范围。相比之下，具体的出席场合的服装的要求要远远大过大环境因素的影响。

四是"What"。通常情况下，关于出席某个场合要穿什么，人们都在自己的能力范围内来做一些选择，对于大部分人而言，这是一个做出选择、进行搭配的问题。而艺术家或设计师考虑的是要如何设计的问题，体现在服装造型和色彩两个方面。如果说选择和搭配能体现一个人的时尚品位和审美水平的话，那服装设计就不仅要让服装有特色，还应该给消费者留出自由搭配的余地，以满足消费者追求自我与个性的内心需求。

五是"Why"。从人们把服装穿在身上的时候起，服装就体现着一定的功能和目的。如今，除了显而易见的那些目的——保护、遮盖之外，人们通过着装所体现出来的是时代性、审美性及民族性。在更多的情况下，人们挑选服装并不完全是给自己看的，因此着装还体现着人们需要被关注的心理。晚宴的场合穿上礼服，除了尊重他人、展现自己的魅力之外，也是企图能够获得他人的赞许和认可。年轻人打扮自己被认为是理所当然的，但来自心理的更深层次的动机是希望获得来自异性的注意。在中国，曾经认为老年人就不需要太讲究穿着的观念也在逐渐发生变化，产生这样的观念的原因是大部分老人没有独立的经济来源，不愿意给子女增加更多的经济压力。如今，社会保障机制的逐渐发展和完善，一些老年人有了稳定的养老金，在经济上有了购买服装的能力，在观念上也有了新的改变。这种改变所体现的动机是对美的追求，以及对他人尤其是对子女的尊重，即使是在算不上正式的场合，所反映出来更深刻的则是在社会文化发展中人们内在需求的变化。

（二）材料

材料是服装设计的物质载体，艺术家和设计师的艺术理念、设计思想都有赖于材料来表达。服装材料的更新可谓日新月异。这些新奇的材料是艺术家和设计师的灵感来源之一，或者说材料是制约艺术家和设计师进行服装设计的重要因素。

服装设计中的材料包括面料、里料、絮填料、辅料几大方面。最表层的材料是面料，如果服装是两层的，大部分情况是里层的材料和面料是不一样的，用的是专门做里子的布料。即便是两面穿着的服装，也很少里外两层一模一样。像棉衣和羽绒服这样的服装，面料和里料之间还有填充物，这种填充物叫作"絮填料"。除了以上这些之外，完成服装设计还需要一些其他材料，如线、纽扣、拉链、松紧带、绳带等，这些都是可见的辅料，还有一些不太容易被注意到的辅料，如嵌条、包边条、纸衬、有纺衬、鱼骨等一些特别容易被人们忽视的辅料，一些由专门厂家生产的花边、水钻、亮片、绣花等也都属于辅料，当下辅料品类远不止罗列的这些，并且一直处在更新中。辅料作为一种配合面料共同完成服饰造型的物态材料，和面料一样流行，这种流行有时候不仅仅受时尚本身影响，还会受到其他因素的影响。最典型的例子就是在西方服装史上的洛可可时期，路易十四因外交原因禁止从邻国进口蕾丝，并禁止在所有服装上使用蕾丝，然而女性的服装总是要装饰的，当时的裁缝巧妙地将缎带做成蝴蝶结等样式用于装点女性蓬起的裙子，于是成为一种时尚样式，以法国巴黎为中心向欧洲各国扩散。

不得不说的是，服装的材料对服装设计的品质影响很大，在与设计意图相吻合且工艺技术相同的情况下，选择的服装材料越好，服装设计效果也就越好。

（三）制作

制作是服装设计的最后一个步骤。在服装成型的过程中，广义的制作包括服装结构设计和制作工艺设计两个方面。

服装的结构是研究如何用平面的布料构成立体服装服饰技术，在这门技术中，不仅要考虑人体三维立体形态，还要满足人体运动的需求，更重要的是要有利于工业化大生产，有利于实现经济利益的最大化。因此，服装结构就必然涉及人体解剖学、人体测量学、服装卫生学、服装造型设计学、服装生产工艺学、服装生产与管理学、美学等各个学科。狭义的服装结构指的是以服装的平面展开形式，即通过服装结构制图来解释和阐述服装结构的内涵与人体各部位的相互关系的学科。

服装工艺设计是指服装中要运用哪种缝制工艺技术将服装服饰实物化。因为不同的材料有不同的工艺，同一种材料也有多种缝制工艺，有些材料在缝制结束后还需要用其他工艺进行处理，如现在的不少牛仔服装在缝制结束后再对局部或整体进行水洗、做旧处理。

结构和工艺的设计对于服装的整体造型的影响是非常明显的。而狭义的制作仅仅是指最后的服装缝制过程，将结构和工艺的设计都归于设计的范畴。这样的理解是有一定原因的。不少服装设计的独特之处就在于对服装结构的处理，而服装结构也是影响服装设计效果的重要因素，有些服装设计的特点就是通过对某种工艺的强调而体现出来的，换句话说，独特的工艺设计也是艺术家或设计师设计思想的一种体现，在某些情况下它甚至能成为体现服装设计特征的主要方面。因此，在进行服装设计之前进行必要的结构、工艺的技术学习就非常有必要了。

结构对工艺技术的影响是不容忽视的，在结构上处理的手法不同，相应的工艺技术就要改变，结构的准确性对服装工艺技术来说是一种基本的保障，但工艺也反作用于结构及设计。精致的缝制工艺技术是完美体现服装结构和服饰造型设计的保证。尽管"三分裁剪七分做"这句话没有准确全面地体现服装设计、服装材料、服装结构、服装工艺之间的关系，对服装结构和服装工艺二者的认识也不够全面，但在一定程度上表明了服装工艺技术对服装结构的影响，尤其是一些高水平的工艺技术师可以在制作工程中修正一些比较小的服装结构错误。但不能因此将服装结构的错误都归咎于服装工艺的处理，毕竟服装工艺对服装结构的修正能力是非常有限的。

第三节　民族服饰与时尚服装设计

一、服装的风格分析

风格是艺术家通过艺术品所表现出来的内在的、反映时代的思想，具有相对稳定性、审美性、文化性、丰富性。风格是艺术概念，无法独立于艺术作品而存在，必须借助于体裁和作品才能体现出来，是艺术品独特内容与形式的统一。贡布里希在其著作《艺术的故事》中说："自从艺术家自觉地意识到'风格'以后，他们就感觉传统程式不可信，讨厌单纯的技巧。他们渴望着一种不是由可以学会的诀窍组成的艺术，渴望着这么一种风格，使它绝不仅仅属于风格，而是跟人的激情相似的某种强有力的东西。"[①]汉语的"风格"一词在晋代就已出现，此时的风格是指人的风度品格。南朝时期刘勰的《文心雕龙》把"风格"一词用来指文章的风范格局。到唐代的绘画史论著作中，风格就成为品评用语，被用在绘画艺术的评论中。

风格绝对不等同于一般的艺术特色，艺术家们在各自的领域运用不同的造型方法表现出独到的审美见解，这种见解与艺术家的生活经历、艺术素养、个性、情感倾向及审美观念有着必然的联系，并且受到时代、社会、民族等历史条件的影响，以上这些因素中，前者是内因，后者是外因。此外，不同的艺术门类及题材也制约着艺术风格。一代服饰造型艺术大师香奈儿说过这样一句话："Fashion is not something that exists in dresses only.Fashion is in the sky，in the street，fashion has to do with ideas，the way we live，what is happening." 有人把这句话译为："时尚瞬息万变，唯有风格永存，服饰造型的风格除了受到艺术家或设计师自身因素（内因）的影响之外，还受到时代特征（外因之一）即潮流或时尚流行因素的影响。"

服饰造型风格是指服饰整体外观与精神内涵相结合的总体表现，是通过外部轮廓造型、细节、色彩、面料、饰品、发型、搭配等元素综合传达的内涵和感觉。服饰造型艺术的风格是在社会文化及特定的历史时期形成的，服装设计大师或普通大众都有可能创造一种服饰造型风格。不少具有独特风格的服饰造型成为博物馆收藏的艺术珍品，比如香奈儿、克里斯汀·迪奥、川久保玲等服饰造型艺术大师的服饰作品就被博物馆收藏，并在世界各地展出。当服饰造型作为一件艺术品时，所强调的就是造型的风格内涵。成衣中的风格是以消费群体为基础的，消费者的年龄、性别、性格、审美情趣、文化素养及社会地位等方面的不同，对服饰造型的理解不同，因此形成的服饰造型的风格喜好也不同。在一定意义上，具有明确风格的成衣能够更好地找到合适的消费群体，一些具有鲜明风格、特色品牌的大众成衣创造的商业利润远比非品牌的普通成衣创造的利润更加丰厚。

---

① 贡布里希.艺术的故事［M］.南宁：广西美术出版社，2015.

服饰造型风格的各种定义是在西方服饰发展历史及着装观念的基础之上建立的，也是当今对于服饰造型的风格划分的主流，这和当今世界性服装服饰主要为西方服饰有着必然的关系，是历史上西方文化向世界扩张的必然结果。服饰造型的风格和社会文时代背景有着巨大的关系，同样的服饰造型放在比较久远的过去可能是一种前卫的风格，而在如今却成为一种优雅的风格。总体来说，服装风格包括以下几种。

第一，经典风格。经典风格让人感觉端庄大方，是一种具有传统西方服装的特点、相对比较成熟并且非常讲究穿着品质的服装风格。在经典风格的服饰造型中，无论是男装还是女装都能被大多数人接受，其造型中的稳定因素要远远大于变化因素，这样的风格追求严谨而高雅、文静而含蓄的品位，是一种以高度和谐为主要特征的服饰风格。经典风格的服饰造型不管是廓形还是细节都比较传统。女装中常用的外部轮廓造型样式有 X 型、Y 型、A 型，搭配精纺面料或传统条纹和格子。色彩上通常都是沉静高雅的古典色彩，如藏蓝色、酒红色、卡其色、宝石蓝等。经典风格几乎很少与时髦有关，款式左右对称，多为常规的领型、常规的分割线，袖子也多为常规直筒装袖。

第二，前卫风格。前卫风格以怪异为主线，擅长运用富于幻想的手法创造夸张的造型，追求一种标新立异、叛逆刺激的形象，常常运用超前的设计元素，并强调对比。前卫风格与经典风格是两个对立的风格派别，前卫风格的变化因素要远远大于稳定因素，是对美学新标准的探索，有时甚至是对传统美学的一种挑战。其廓形不受限制，有时多种廓形结合使用；色彩和面料也不受任何限制，但追求时髦、新鲜和刺激。非常规服装的结构是前卫风格服饰造型非常痴迷的，故而其多用不对称结构与装饰，分割线也不受传统限制。对于装饰手法，前卫风格可谓是运用得淋漓尽致，毛边、破洞、磨砂、伽钉、打补丁、挖洞、刺绣、镶嵌、烫钻等均能体现。在尺寸上，前卫风格几乎不受常规尺寸的限制。

第三，运动风格。运动风格是一种借鉴运动装设计元素而形成的充满运动活力的服饰造型风格。运动风格服饰广泛运用块面分隔、拉链、商标，使其成为运动风格的标识性特点。运动风格款式自然宽松，便于活动，穿着舒适。外部轮廓造型样式以 H 型为主，尽管女装会适当收腰，但便于运动的要求决定了款式的整体宽松特征，插肩袖、落肩袖是运动风格服饰常见的袖型。运动风格的服饰在色彩上鲜明、明亮，常使用色彩的对比。面料以棉、针织、混纺、化纤等为主，袖口、服装底摆、领口等处常常搭配螺纹口面料。有些偏休闲的品牌擅长将棉与针织混合搭配。除品牌标识外，线条也是运动风格服饰非常喜欢运用的元素，除了袖子、裤子侧缝等部位之外，其他躯干部位也经常用到线条。相对于其他风格，斜线在运动风格中运用得最多。国内的运动风格代表品牌有李宁、安踏、特步等。

第四，休闲风格。休闲风格服饰造型线形自然，弧线较多，零部件少，装饰运用不多，讲究层次搭配，呈现出轻松、随意、舒适的特点，适应多阶层日常穿着。休闲风格的服饰衣身以直身居多，较宽松，分割线多变。色彩明朗单纯，具有鲜明的流行特征。面料以天然面料为主，有时也用混纺和化纤面料，袖口、领口、衣摆等处用螺纹口面料。领型多变，但驳领较少，常在帽边、腰、下摆、领边等处用抽绳。

第五，优雅风格。优雅风格具有较强的女性特征，整体外观与品质较华丽，不但讲究时尚感与细部设计，更强调精致感的塑造，是一种适合成熟女性的服饰造型风格。在外部轮廓线上，优雅风格顺应女性身体曲线，形成自然线形。款式合体，分割线较规则，袖型多为装袖。在色彩上以优雅的高级灰为主，用料高档考究，装饰比较女性化，整体呈现出成熟女性脱俗考究、优雅稳重的气质风范。

第六，商务风格。西装、领带、公文包已经是男装商务风格的一种符号，是一种非常正式的服装款式，适合商务场合。商务扣子的多少、口袋的数量、袖口的宽度、袖子的长度都有严格的规范要求。近些年，商务风格在设计上不再像以往那样一成不变，借鉴了休闲风格的元素和特征，这样的转变在面料上最为突出。不管是在色彩上还是在款式上，商务风格都吸纳了一些流行元素，但这并没有改变商务风格总体沉稳的色彩和款式倾向。女装中的商务风格较大程度上借鉴了男装的特点，将裤装改成了裙装，但保留了正式、简洁、沉稳的特点，一些较为严谨、沉稳的连衣裙也在商务风格女装中较为多见，这也为商务风格增添了几分活力。女装商务风格在细节设计上越来越多地借鉴吸收经典风格和优雅风格，呈现出款式简洁但又沉稳有活力的特点。

第七，华丽风格。华丽风格极其讲究造型色彩及用料，常常通过强烈的对比来强调视觉冲击力。其在造型上非常讲究廓形，点、线、面、体各种元素结合使用，外部轮廓与比例变化鲜明，节奏感强，装饰较多，繁简得当，呈现出丰富的层次。在色彩的运用上，鲜艳华丽的色彩较为多见，有时为了强调廓形，在色彩上的对比会减弱，一些高级灰色彩也会用到，但通常会结合繁复的图案或静止的装饰。华丽风格的面料极其考究，大多非常奢侈，光泽感强烈的面料是华丽风格中最常见的。

第八，浪漫风格。浪漫风格追求一种极致的女性曲线特征，外部轮廓柔和，造型精致奇特，非常注重细节处理，而且手法细腻，呈现出柔和轻盈的特点，具有不食人间烟火的高贵女神"气质。板型多为 A 型、S 型、X 型，容易体现女性特征的外部轮廓。在色彩上，一些明度较高的色彩较为多见，有时会因为金色、银色的装饰手法使其呈现出扑朔迷离的特点。面料大多轻盈、飘逸。而中性风格的女装弱化女性特征，常常借鉴男装设计元素，具有一定时尚度，是较有品位而且稳重的风格。由于弱化女性特征，中性风格女装男女皆能穿。在造型上多为直身形，H 型廓形最为常见。中性风格服饰色彩纯度较低，灰色系较多，明度高的色彩不多，在面料上的选择比较广泛，但如蕾丝等一些女性味特别浓的面料会避免使用，花色面料也不多见。中性风格女装偏简洁，分割线比较常规，常常出现如袖克夫、肩部育克、辑明线等一些男装中的结构或装饰。

第九，中性风格。中性风格的男装偏向女性特征，紧身、收腰是其最大特点。廓形偏流线特征，多采用柔软面料，丝绸等一些光泽面料也不拒绝。常用高明度、高纯度的色彩，有时也根据主题的需要采用高级灰色彩。经常采用镂空、低胸等女性服装中体现性感的细节设计，蕾丝、百褶等也会出现在中性风格男装中。之所以把男装的这种风格称为中性风格，是因为这种风格特征介于男性和女性之间，与女装中的中性风格一样，男女皆可穿着。

第十，民族风格。民族风格是指在西方现代化服装中吸取除欧洲传统服装之外的民族文化元素所形成的服装风格。有时，具有欧洲本地的一些少数民族元素特点的服饰也被称为民族风格服饰。在民族风格服饰造型中，对于民族元素的运用整体而言是普遍的，但在单个造型中，元素的运用并不一定是大面积的，有时其至只是非常小的一些面积和部位运用民族元素，造型和大部分的细节仍旧沿用了现代服饰造型的手法来完成。对于新型材料的运用，民族风格从来都不抗拒。对于民族元素，民族风格从来就不是"拿来主义"，更不会因循守旧、食古不化，而是非常擅长提取民族文化中的元素，运用时代的精神和理念来进行重新设计。不管是主题还是色彩，其都具有鲜明的现代文化特征。在欧洲的主流服饰风格中，日本设计师高田贤三、山本耀司带来的是一种具有东方文化特点的服饰造型艺术风格。对于大部分中国人而言，所谓的民族风格是指具有中国传统文化特点，或具有国内外少数民族文化特点的服饰风格。之所以会出现这两种在理解和意义上完全不同的民族风格，与人们所接受的文化有关。一般而言，每一种文化都将其自身文化之外的文化称为民族文化，相对于本民族所穿的服装服饰，那些生活中偶尔见到的其他民族的服饰就被当作民族服饰，西方文化如此，中国文化也是如此。但在中国文化中，如今把具有中国古代汉族及古代文化特征的服饰也称为民族服饰，这与中国现阶段大部分人穿的都不是本民族的传统服饰有关，在生活中具有传统汉族文化特征的服装与那些少数民族服装偶尔才能见到，因此大部分人都把二者统称为民族服装。

不同的民族可以通过不同的服装就能相互区别，可以说民族服饰是各民族人民创造的通过视觉传达文化信息的符号，以下分别从三个方面来解读民族服装的特点。

除了以上常见的风格之外，服饰造型艺术还有许多风格。如果将不同风格、不同材质、不同价位的服饰搭配出整体和谐、独具魅力的服饰造型风格就被称为混搭风格。混搭风格极其注重流行，也讲究塑造个人的性格特征，在造型设计、色彩、面料、细节设计等方面都没有什么限制。

如果在造型中注重流线，线条柔软而绵长，并且擅长用流畅悬垂的褶皱来造型，所形成的风格就是舒展风格，这种风格面料柔软，富有垂坠感，不适合在上面做装饰，该风格强调流线，因此在款式上长款较为多见。

很多人说乔治·阿玛尼（Giorgio Armani）创造了一种他人很难把握的风格，这种风格线形流畅，但不过分宽松；结构合体，又不过分体现女性特性；H型廓形较多，但又不失女性的优雅，那些考究的细节和饰品又经常会带来精致的感觉。

这种风格叫作简洁风格，不管是色彩还是造型和面料，通常不会运用强烈的对比，整体以统一法则为主调，但细节或零部件设计得非常新颖而别致。

伊夫·圣洛朗创立了一种严谨风格，这种风格没有夸张的外部轮廓造型，也没有华丽的装饰，但是非常注重造型中的横向尺寸，讲究结构和细节、精致的设计、简练的线形，塑造出紧身合体的款式，没有复杂的裁剪，但注重用料，整体呈现高雅大方的特点。

繁复风格是一种在造型、设计、装饰等方面都非常繁杂的风格，这种风格分割线复杂，零部件多，局部甚至会有点琐碎，多用一些较为硬挺的材质来创造复杂的造型。

现代都市女性时常穿着一种富有时代感、设计讲究、造型简洁的服装款式，这样的款式多以无色系及高级灰为主，面料也较考究，这样的服装款式与都市的建筑、景观呈现一致的特征，叫作都市风格。

田园风格和都市风格相反，是一种具有自然气息的风格，廓形随意，款式宽松。自然色是田园风格中的常见色彩，如白色、绿色、土黄、赭石等。一些布带捆扎、松紧带抽褶等细节在田园风格中非常常见。面料上则多是天然面料、化纤面料。

二、我国民族服装元素特色分析

我国有 56 个民族，其历史、文化、风俗、习惯各不相同，这使得每个民族的服装风格迥异，其特点是繁简有致，形制、款式、饰物或简或繁或疏或密，均独具风采、各显其美。虽然不同民族服饰风格不同，但追踪溯源与我国历代服饰形制基本一致，主要以上衣下裳和袍衫为主要结构形制。上衣下裳是我国民族服装的基本类型，上衣长度一般达到臀围处，下裳包括裤装、裙装、绑腿。从整体着装造型来看，服饰配件也是民族服饰的主要部分，饰物的存在使服饰形象更为丰富。在我国 56 个民族中几乎每一个民族都重视饰物，有的民族甚至把饰物看得比服装更加重要，其饰物比服装更加华丽繁杂。所以要了解民族服饰的风格特色，就必须从袍衫、背心、肚兜、披风、裤、裙和饰物上来了解民族服饰的造型特点、色彩特点、图案等。

（一）造型特点突出

整体造型，即从头到脚所有服装和配饰的组合效果，局部造型是指服装的具体部件的变化。整体造型对形成服装风格特色起着至关重要的作用，局部造型是服装款式变化的关键。

我国民族服装从总体造型特征来说是"北袍南裙"，也就是北方民族服装以袍式为主，南方民族以裙式为主。北袍中的蒙古袍是很有特点的，它的基本造型是立领右衽，镶边长袖，袍身大而肥，下摆长至脚背，风格淳朴雄浑。满族妇女穿的袍是宽大的直筒长袍，袖口平而大，称为"旗袍"；维吾尔族的长袍称为"治祥"，长度齐膝，对襟直斜领，无纽扣，腰间系一条花色方巾。

南裙是西南、中南和东南地区少数民族女子的主要服装，长裙通常很有特色，除了裙身较长外，还有很多打褶，多者可称为"百褶裙"。彝族、部分苗族、普米族、纳西族等都穿长裙，其中彝族的长裙呈塔状，越往下向周围散得越开，在跳舞的时候转动身姿犹如一朵盛开的花；普米族的百褶裙轻盈飘逸，配上立领右衽短上衣，显得端庄典雅；部分苗族女子的百褶裙皱褶非常多而厚重，配上精美刺绣的上衣，独具风韵。有的民族以短裙为美，黔东南雷山地区苗族女子有一支"短裙苗"，裙身只有 18 厘米长，但多达几十层，穿在身上裙边向外高高翘起，层层叠叠，像倒垂的盛开的花儿，很是可爱。

当然，也有些民族例外，有的民族始祖从北方迁往南方，现在虽然在南方生活，但保留了北方的长袍式造型，如羌族、彝族等民族。但不管是南方民族还是北方民族，上衣下裳（或裤）是服装最基本的结构造型，整体结构的穿着方式以及局部变化都是围绕上衣下裳的基本结构展开的。在这类基本结构中，由于点、线、面的不同移位，形成多种款式造型，如同样是上衣，可以分为对襟衣、斜襟衣、大襟衣、贯首衣等种类。同样是下裳（或裙），可以分为筒裙、长裙、超短裙、百褶裙、飘带裙等种类。而每一种类又因局部结构的变化，色彩、图案、面料的运用不同，装饰的部位不同，工艺的手段不同而形成了不同的外观造型效果，加之上衣下裳（或裤）的不同搭配，也可形成不同的整体造型结构，也形成了我们今天所看到的千姿百态的服装面貌（图 1-3-1，图 1-3-2）。

图 1-3-1　满族坎肩服装手绘　　　　图 1-3-2　彝族男子服装手绘

各民族服装不管是整体造型，还是局部造型，其表现大都极具个性。对服装造型美的追求是各民族人民的实用需求结合当地文化观念、宗教信仰、风俗习惯等因素而形成，其造型淋漓尽致地展现了个性美，既虚幻又真实，既古朴又张扬，总之，民族服装的造型主要是通过自然物象的造型和意象的造型展现出来。

（1）自然物象的造型

自然物象和民族的图腾崇拜是相关联的，图腾崇拜是人类文化史上一种古老的、普遍的文化现象，有些民族把自然之物尊为祖先，或视为不可侵犯的灵物。服装与图腾崇拜有着密切的关系，人们在婚嫁过节或举行巫术活动的时候，热烈的歌舞要打动人心，要引起众人的虔诚膜拜，就离不开服装的装扮表现，盛装服装成为一种媒介，集中了民族服装最出色的部分，随着时间的推移，演变成今天看到的奇特的服装造型。

黔西南布依族崇奉牛图腾，当地女子头上包裹着两只尖角往左右延伸的头巾，有青底花格的，有紫青色的，也有白色的，形状恰似两只水牛角，称为"牛角帕"，让人远远看去，十分挺拔。夸张的牛角形象在苗族服装中也普遍存在。

每逢过年过节，苗族姑娘要盛装打扮自己，要用一小时左右的时间梳头、穿衣，她们身穿银饰和刺绣装饰的斜襟或对襟衣、百褶裙，头戴高高的大银角，这种银角呈半圆形，上小下大，高约80厘米，两角距离宽约80厘米，角尖还用白色羽毛装饰，银角面雕刻有龙、蝶、鸟、鱼、花卉等纹样。这样精致的大银角插在发髻上，奇美壮观，十分引人注目，再搭配一身色彩艳丽斑驳、银光闪烁的银衣，光灿夺目，令人惊叹（图1-3-3）。

图 1-3-3　苗族盛装银衣造型（贵州凯里廊德上寨）

（2）意象的造型

意象造型是精神思想的反映，民族服装的意象造型通常跟历史传说和民俗观念息息相关。如贵州的革家人，传说他们的祖先曾经当过朝廷的武官，因为战绩卓著，受到皇帝的嘉奖，被赐得一身战袍，武官没有儿子，死前把战袍传给女儿穿，为了让后代记住皇帝的恩赐和家族的荣耀，世代相传，后来，女儿们按战袍的样式改做出了铠甲式的披肩，以纪念祖先的战绩和历史。因此，后来的革家人不论男女，个个都会一点功夫，姑娘们都身着一身"戎装"，头戴红色的圆形帽子，帽檐在脑后高高翘起，显得英武又略带俏皮，上身穿长袖蜡染绣花衣，戴蜡染围裙，披黑色披肩，而服装的视觉重点就在披肩上，这是一件从前胸一直披到后背腰以下的披肩，中间的方孔就是头部穿进的位置，肩部的肩线如同军服肩牌一样平直，背后看披肩造型犹如一个加粗了笔画的英语字母"T"。这样的打扮有些像古代的武士造型，给人的感觉是妩媚但不失英武，艳丽而又端庄（图1-3-4）。

图 1-3-4　革家姑娘服装

　　云南西双版纳地区盛产孔雀，孔雀作为一种图案纹样常出现在服装中，它的造型也深深影响了傣族的舞蹈服装，傣族姑娘舞蹈时穿的孔雀裙非常形象，裙身上半部分紧小，保留了傣族传统服装上身紧贴身体的特点，裙摆部分向下展开，犹如孔雀的羽毛，舞动时，展开的裙摆犹如孔雀展翅，恰如其分地展现了傣族人对孔雀的热爱之情。彝族认为鹰是吉祥鸟，男子服装造型宽大，穿在身上显得庄严威武，鹰一样的服装披肩造型是勇敢、坚定的象征，常常用来比喻人的英勇顽强。有的学者认为，彝族男子服装的全身整体造型就像一只鹰，头上裹扎的"英雄结"是鹰嘴，身上披的"查尔瓦"是鹰的羽毛，往岩石上一蹲，就像一头昂首挺胸的山鹰。此说虽为推测，但也不失为一种见解，可以作为对民族服装造型美的理解的参照。

　　还有蒙古族妇女头上戴的罟罟冠，造型细长，冠身用天然柳木、竹木、织锦、彩缎等制作，点缀了各种珠宝，长度约 35 厘米，戴在头顶显得女子个头更加高大，远远就能看到，非常引人注目。这种帽式在元代贵族妇女中盛行，冠身的高大被寓意为离天近，当时只有已婚的贵族妇女和宫廷帝后才能佩戴，表示已婚并显示一种独有的尊贵。罟罟冠现在已不在民间盛行，但会出现在蒙古族历史服装展演的舞台上，蒙古族服装改良设计中也经常可见到罟罟冠的身影，它是蒙古族女子特色代表服装之一（图 1-3-5）。

图 1-3-5　罟罟冠的身影

（二）图案多样

1.传统纹样丰富

（1）龙纹

"中国有礼仪之大，故称夏；有服章之美，谓之华。"[①] 华夏霓裳，有四方拥戴的尊贵龙纹，经典不朽的纹样，用时尚手法的再次演绎，赋予其千年历史文化传承的韵味，如图 1-3-6、图 1-3-7 所示。

图 1-3-6　龙纹（一）

---

① 左五明.左传［M］.北京：团结出版社，2017.

图 1-3-7　龙纹（二）

（2）麒麟祥瑞

"蚕青上缥下，深衣承古往。三千衣冠史，韶华压群芳。"二龙嬉戏，麒麟在侧；上古神兽，尊贵祥瑞。如图 1-3-8 所示。

图 1-3-8　尊贵祥瑞图案

（3）双龙戏珠

"补子"纹样的差别反映了明朝和清朝官员等级制度的森严，具有极高的工艺与艺术价值。在追求人人平等的今天，弱化等级的区分，提取纹样艺术结合新式技法，双龙戏珠，寓意吉祥如意，如图 1-3-9 所示。

图 1-3-9　双龙戏珠

（4）有凤来仪

凤鸟飞出天际，翩若惊鸿，丝丝动情，传统刺绣，新式演绎，如图 1-3-10 所示。

图 1-3-10　有凤来仪

2.民族图案个性

民族服装图案是文化的一种印记，是对民族精神和审美的展示。民族服装图案是伴随中华民族的发展壮大而日趋完善起来的，虽然不同民族在表现风格、表现形式上多种多样，但它同时具有两个基本特征：一个特征为具有装饰美化功能，通过装饰美化追求至善至美的本质；另一个特征为具有超强的想象力和创造性，满足人们征服困难的精神追求，体现对安定和谐、幸福生活的向往。从一定意义上讲，民族服装图案在满足人们的精神需求同时，以一定的艺术形象传达了一个理想世界，这个理想世界非常丰富，具有深厚的内涵、至美的境界，具有强烈的民族特色。以下分别从构图表现、形式表现、趣味表现等方面来解析民族服装图案之美。

（1）构图表现饱满

民族服装图案产生于民间，来自于生活，具有很深的根基，它蕴藏着不同民族普通老百姓对生活的亲身感受，虽然风格形式丰富多样，不受任何约束，具有很强的装饰美感，但无论采用何种表现方式都力求表现圆满、完整、完美，因此充满理想化的色彩，构图形象追求大、正、方、圆，看上去很饱满、富足，充分体现了以饱满齐全为美的观念。

许多民族在服装前胸、后背、衣袖、围裙等处喜欢装饰图案，他们把每一块画面当成独立的空间，将各种植物纹样、动物纹样、几何纹样巧妙地组合在一起，形成各种复杂的图案，再采用对称、分割等形式手法将纹样布满画面，使对象都符合饱满完美的构图原则。其中，画面中注重夸大主体形象，主体形象的外围可以设计为圆形轮廓，以适合外轮廓边框，也可设计为方形、菱形等，以设计相同的外轮廓边框；主体形象也可设计为紧贴边框，以其他面积更小的形象填充空白，如此饱满的构图方式使得主体更加突出，具有很强的视觉张力（图1-3-11）。

图1-3-11　饱满的构图方式

（2）形式表现完美

民族服装图案讲究形式美感，而众所周知我国民族服装繁多，且特点鲜明，正是由于民族服装既具有丰富的内容，又具备与其相适应的形式，内容与形式有机地结合才获得了理想的效果。这里单独强调一下，所有形式都离不开内容的表现。失去内容的形式是枯燥无味的，美的体现本质是内容与形式的完美结合。

①对称形式

民族服装图案中的对称形式是表现最多的一种，这种形式的特点是整齐一律，均匀划一，是等量等形的组合关系，使人感受到一种端正、安宁、庄重、和谐的平稳感。其实这在所有装饰图案形式中表现较为普遍，因为大自然中可看到的对称事物有很多，如植物的枝叶、花朵，蝴蝶、蜻蜓之类的昆虫翅膀，人和动物身体的结构等。民族服装上对称形式的图案表现大多严谨、规整、装饰味浓厚（图1-3-12）。

图 1-3-12　对称形式图案

②对比形式

民族服装图案中对比形式也是较为常用的一种。通常是把两种不同形态、不同颜色、不同大小、不同方向的图案元素并置在一起，比如曲线与直线、大与小、明与暗、多与少、粗与细、暖与冷、软与硬、深与浅等，形成差异、个性，甚至强调各部分之间的区别，让图案的艺术感染力得以增强。这里需要强调一下对比形式的出现往往采用调和手法来达到既有对比又不失和谐的美感，使民族服装图案有明朗、肯定、清晰的视觉效果（图1-3-13）。

图 1-3-13　三江侗族胸兜上的鸟纹图案

③重复形式

民族服装图案中的重复形式以相同或相似的形象进行重复排列，可以排列为有规律的重复，也可以排列为逐渐变化的重复。重复的形式并不陌生，在大自然中的存在也是很普遍的，如春夏秋冬的交替而导致四季景色的交替变化，植物枝叶的重复排列，日出日落、潮来潮去等都是重复。民族服装图案有规律的重复给人以稳健、整齐统一之感，逐渐变化的重复给人以疏密有致、有节奏韵律之感（图1-3-14）。

图 1-3-14　哈尼族挑花挎包上的回纹装饰

（3）趣味表现特定

民族服装图案注重情趣的表现，就是不考虑现实当中物象的比例结构、透视关系等方面的客观存在，大胆进行写意、夸张、变形处理，或者将自然形态简化为几何形态，有的表现可爱、稚拙，有的表现力量与气势，有的表现热闹、繁荣昌盛，有的表现生动简练，让人不得不惊叹少数民族的丰富想象力、奇妙的审美意识和富于创意而又娴熟的表现技巧。当然，趣味的体现离不开其民族独特的审美习俗、观念信仰，比如侗族背带上以太阳为中心围绕八个小太阳的图案（图1-3-15）。

图 1-3-15　侗族背带图案

民族服装图案寓意深厚，但大多是表现吉祥祝福和人们的愿望的，反映了各民族对生活的热爱和对美的追求。通常这类图案不论是造型还是装饰方法都很有特色，既有深刻的含义又具有很强的装饰功能，这也是民族服装的价值之体现。

从图案纹样的内容来说，大多用大自然天地万物来表现吉祥祝福，如太阳纹、月亮纹、树纹、花纹等。很多民族的服装上都用到这类纹样，太阳给人带来光明、温暖，象征能抵挡一切邪恶，是逢凶化吉的象征，被很多民族所崇拜，如苗族、瑶族、彝族、侗族等。民族服装上的太阳图案往往大而鲜明，装饰也较为精致突出。月亮也是人们崇拜的对象，人们认为月亮是避难之处，是可以依赖的神，因此表现在服装上较为夸张，一件衣服上可以出现多个月亮图案。树纹、花纹在南方少数民族服装中表现最为丰富，因为南方温润，树木、花朵品种多而繁盛。树是南方诸多少数民族的"生命树"，希望自己的族群都能够如大树般具有旺盛的生命力，因此树木的纹样直立稳重，枝叶细腻精致，成排出现，代表了勃勃生机。花纹大多寓意爱情的美好和家庭的和睦，各民族服装上花朵图案的造型千姿百态，在装饰手法上运用了传统的夸张变化等手法，以自然形象为基础，加以提炼和概括而成，从而在形式和内容上都达到了完美的统一，如图 1-3-16 所示，其中左边是三江侗族月亮花和星宿纹，右边是海南苗族蜡染裙树纹。

图 1-3-16　以自然形象为基础的图案

有的民族服装也喜欢用人和动物的纹样来表达思想感情。人纹图案多种多样，有的形象夸张，有的概括简练，表现了人的勃勃生机和力量感，是人丁兴旺、战胜困难的象征。动物图案寓意明显，如鱼纹、蝴蝶纹、双凤纹等是体现人们对生育的美好祝愿，在服装上表现形态美丽可爱；而虎、龙、鹰等是人们对信仰的崇拜，驱邪除病之象征，在服装上的表现无论是造型还是装饰方法都很有特色。

民族服装中还有很多其他非具象的纹样形态，其表达方式也十分丰富，总的来说，各民族通过身着的服装，用这些美丽的图案，在有限的天地中创造和表达出无限的精神世界，比如民间虎头鞋的绣花样，有保佑安宁、辟邪的寓意（图1-3-17）。

图 1-3-17　民间虎头鞋的绣花样

（三）层次丰富

在民族服饰中，层次感的体现也是最为精彩的，通常会通过色彩的色相、明度、纯度，或不同色系的变化来表现，同时构成服装上点、线、面的各种组合形式，起到了很好的装饰作用，能极大地丰富观者的视觉感受。

彝族是一个文化积存厚重的民族，服饰类型有很多，服饰色彩厚重富丽，层次感极为丰富，如图 1-3-18 所示，彝族传统服饰从色相上看，主要用色就超过 5 种，但在服装的整体安排上注意明度关系的搭配，以深色为基调，辅以明度较高的色块，并按一定规律来布局，特别是裙子部分，彝族的多褶长裙可以说是这个民族服饰特有的，它是以宽窄不同、色彩明度不同的多层色布相拼而成，表现出色彩的丰富层次感。

图 1-3-18　彝族服装的层次感

同样，很多民族服饰在色彩上也有着很强的层次感，其中苗族服装表现更为强烈。通常在用色上讲究"层层递进"，大色块中套小色系，小色系再分小色块，并以不同色相来区分。因此，苗族服饰中常见到这种情况：在一个丰富多彩的图案中，色彩从很窄的面积开始延伸，延伸的同时纹样在变化，色彩也在变化，其中却是有规律可循的，如苗族上衣展开图（图 1-3-19）、百褶裙展开图（1-3-20），可看出色彩的层次感极为丰富，这种色彩的组合运用，把苗族服饰上各种图案的精彩内容表现得淋漓尽致。

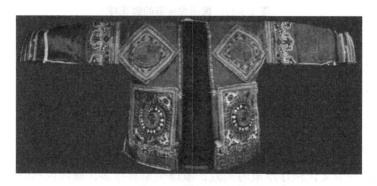

图 1-3-19　苗族传统服饰在用色上讲究层次感

图 1-3-20　百褶裙展开图

（四）材料天然又朴素

材料是民族服装的重要组成元素，在服装设计中材料是四大设计要素之一，离开材料就不存在服装，材料（面料）质地的选择会影响最终设计效果，离开材料的服装设计只能是纸上谈兵。

在民族服装中用到的材料大多为天然材质，也就是原材料都取自大自然，并且通过人们亲自播种、纺纱、纺线、织布、印染、编织、刺绣等手工来完成。

民族服装之所以如此丰富多彩，除了色彩的选择，工艺的精湛程度，还离不开材料的选择和表面处理，我们决不能忽略材料的手感、质地、颜色、图案对服装的影响，同时，各个民族对材料的选择和处理还融进了本民族独特的文化气质和审美情趣，很多服装材料不仅丰富了本民族服装艺术的内容，还从另一个角度传达和陈述了这个民族的观念、历史和现实。

民族服装材料有很多种，常见的主要有棉质材料、麻质材料、银质材料以及其他材料。

（1）棉质材料

民族服装衣料大多用棉质材料制作，棉质材料包括棉布、锦。这里主要说棉布，棉布是家庭手工业产品，一匹布的完成要经历播种、耕耘、拣棉、夹籽、轧花、弹花、纺纱、织布、染布等过程。过去民间几乎家家户户都有纺织工具，至今很多偏僻的地区还保留着纺纱织布的传统手工艺。棉布根据表面花样纹理效果的不同而称谓不同，即平纹布、花纹布。平纹布是指经纬交织的织品，通常称为坯布。人们将原色的坯布或花纹布经过印染、扎染、织绣等处理后，再进行裁剪、装饰，最后缝制成各种各样的漂亮衣裳。这种从棉花的播种到收获，从面料的纺织到印染、刺绣装饰等全手工制作完成的服装，具有一种原始、淳朴的美，这是现代大工业化生产的面料无法替代的。

其中值得一提的是侗族、苗族服装所采用的主要棉布：亮布。亮布是一种青紫色或金红色的衣料，因表面呈现似金属发光一样的色泽，被当地人称为"亮布"。亮布的制作工艺特殊，工序也极其复杂。通常是织好坯布后再进行染布，染布的温度、染料、配料都很有讲究，染好后晾干再漂洗，再染再洗，一天染洗三次，连染两天后，在另外两种不同染液里分别反复染三次，晾干后加鸡蛋清锤打，然后再染再反复锤打。染好一匹布要半个月到一个月时间，最后染好的布有很强的硬挺度，颜色沉着又不失光彩，有着不同于常见面料的艺术风格，给做出的服装增添了一份特殊的魅力。亮布被苗族、侗族作为盛装的主要材料，同时也是送礼达意的佳品，亲戚朋友结婚，送一匹亮布，给亲友做衣裳、做床单，因为是自己亲手所织，所以显得特别珍贵（图 1-3-21）。

图 1-3-21　亮布制作的苗族服饰（贵州郎洞）

（2）麻质材料

麻，是一种天然纺织原料，在我国的种植历史也很久远，民间麻的纺织也达到了很高的水平，因其纤维具有其他纤维难以比拟的优势：凉爽、挺括、质地轻、透气、防虫防霉等，常被织成各种细麻布、粗麻布，是民族服装中常常用到的一种材料。麻也可与棉、毛、丝或化纤混纺，织物不易污染，色调柔和大方、粗犷、透气。在国际市场上，麻混纺织品享有独特的地位，在日本，麻纺织品比棉纺织品价格高好几倍，在欧美国家，麻制品衣料是高档商品。我国各民族也喜欢用各种麻布做衣服，用麻线做缝纫线，用麻绳纳鞋底。如我国川滇大小凉山地区的彝族人喜欢穿"查尔瓦"，查尔瓦是用麻辅以羊毛织成的宽大披风，保暖又透气，它的用途很广泛，当地有"昼为衣、雨为蓑、夜为被"的说法。彝族人一生都离不开这件查尔瓦，男子穿上下端有穗的查尔瓦，将它的上端系在肩上颈间，前面敞开，显得威武雄壮，具有一种彪悍豪迈之气。四川阿坝州的羌族人居住在地势较高的山顶或半山腰处，交通不便、环境恶劣，但羌族人都很勤劳，过着自耕自足的生活，身着服装从上到下均由手工完成，当地人做布鞋多用到麻绳，用麻绳纳鞋底既美观又结实耐用，穿着舒适方便。

在细麻布中，夏布是很有特色的一种麻布，它是以芒麻为原料编织而成的，因常用于夏季衣着，被俗称为夏布。夏布有"天然纤维之王"的美称（图1-3-22），穿着夏布做成的服装，能感受到布纹细腻，纹理清晰，非常典雅透气。现在夏布传统手工技艺已被列入我国的非物质文化遗产保护名录。

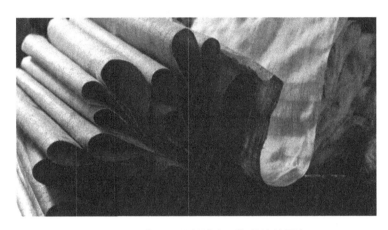

图1-3-22　有"天然纤维之王"美称的夏布

（3）银质材料

银是一种金属，由于其本身具有柔和美丽的银白色和光泽感，质地柔软，容易打造出各种精细的形态，常被用在民族服装上做装饰。银饰在民族服装中用得最多的是贵州黔东南地区的苗族。当地苗族女子盛装大量用到银饰。每逢婚嫁或重大节日，盛装的女子头戴银帽、银冠、银簪，脖子高高堆积几层银项圈，衣服上缀满银片。当地人认为，银饰不仅是可辟邪的神物，还可给人带来吉祥幸福，也是富贵的象征，穿戴越多越能给人自信和满足感。

在婚嫁、节日期间，苗族姑娘们穿上光灿夺目的银饰服装，银饰与鲜艳的刺绣搭配起来，色彩对比明快、强烈，更显苗族姑娘的纯朴热情。景颇族女子服装也饰满银饰，过节时，她们前胸挂满各种银饰，有银项链、银项圈，从远处走来，银光闪烁，铿锵作响，银饰配上景颇族女子常穿的大红色筒裙和头箍，红、黑、白三色交相辉映，具有强烈的对比效果。还有其他很多少数民族都喜爱佩戴银饰，如藏族、水族、满族、蒙古族等。

　　侗族人也喜爱银饰，而且以其多而精致为着装美的最高追求。侗族姑娘的节日盛装有数十种饰品，包括银花、银帽、银项圈、银胸饰等。这些银饰既讲究工艺上的一统不苟，又寄予吉祥的意愿。在侗族妇女生育后，娘家送给外孙的银饰件有银帽子、银锁、银项圈和银手链等，上面刻满吉祥图案代表祝福。

　　居住在海南岛的黎族也是银饰满身，头上戴银钗，胸前挂银铃铛，颈脖戴银项圈，腰上挂银牌和银链，脚上系银环，还有衣服下摆也缀有排列整齐的银饰。

　　（4）其他材料

　　民族服装中除了用到上述的棉质、麻质、银质等材料，还用到了很多其他材料，如绸缎、动物皮草、羽毛、流苏等。绸缎质地柔软，富有光泽感，通常用作服装刺绣底布。北方民族和地处高寒山区的民族多用动物皮草，用动物皮、毛制作的服装通常给人以原始粗犷之感。如珞巴族人的毛织服装就很有特点，保暖实用（图1-3-23）。鄂伦春族人长年穿着厚重的袍服，袍服多用泡皮制成，妇女们对兽皮加工有着特殊的技能，经她们手工加工过的泡皮柔软又结实，缝制用狗筋，坚韧牢固，再按照美的形式规律在狗面上缝制，呈现出古朴、粗犷、稚拙的审美特征（图1-3-24）。

图 1-3-23 珞巴族毛织服　　　图 1-3-24 鄂伦春族袍服

　　赫哲族人世世代代生活在松花江、黑龙江和乌苏里江沿岸，渔猎是他们的主要谋生手段，渔猎生活给赫哲族人的服装打上了特别的印记，赫哲族人早年穿的服装，主要原料是鱼兽皮，黑龙江下游的赫哲族人多用鱼皮做衣服，这种鱼皮服极有特色，具有耐磨、轻便、不透水和不挂霜的特点。在黑龙江哈尔滨博物馆内，保存有一套 20 世纪 30 年代赫哲族妇女的服装，整套服装色彩协调，做工精美，帽子式样分两部分，上部分是圆顶瓜形帽，顶端用兽尾做装饰，帽下部分呈披风状，用以防风寒，帽子及衣服领口、托肩、袖口、裤脚都有染过色的鱼皮剪成的花样和丝线绣的边饰，看起来十分精致美观（图 1-3-25）。

图 1-3-25　赫哲族鱼皮服

　　贵州黔东南地区有一支苗族，因为喜欢穿长裙，所以人称长裙苗，长裙苗女子头戴高高的银角，银角两端饰有白色的羽毛，还有裙子下摆也喜欢装饰白色的羽毛，当走起路或跳起舞时，羽毛便随裙摆摇动，远远看去有一种自然灵动之美。

　　民族服装材料极其丰富，其实不管用哪种材料，材料的质地都会影响服装的整体效果，而材质的表面处理更是影响服装最终效果的关键因素，特别是刺绣、印染、编织和装饰，改变了服装外观的纹理效果，加上民族文化观念的因素，使民族服装变得更加有趣而富有内涵。

（五）色彩对比与调和

民族服装在色彩的运用上，很多时候会采用色彩对比的方式来表现，这样的色彩给人一种明快、醒目、充满生气的感觉。不同民族常用的服装色彩对比方式有很大不同，有的民族多运用色彩的色相进行对比，有的多运用色彩的面积进行对比，有的运用色彩的明度进行对比，而大多数民族服装色彩对比差异非常大，效果自然很强烈，但要注重以一定秩序来进行调和处理，使服装色彩搭配不至于太过生硬，过分刺激，保持鲜艳、活泼和生动的感觉。

以云南傣族服装为例，傣族服装从头到脚都用彩色刺绣花边装饰，色彩以鲜艳的大红、翠绿、天蓝、玫瑰红、橙黄等作为主要配色，色相对比强烈到震撼的视觉效果，仔细看所有的彩色图案都以黑色作为底色，起到了保持各色彩的色相对比鲜明的关系，又统一了色调气氛的效果，更显得傣族服装雍容华贵、光艳夺目。在民族服装中，色彩色相对比强烈的民族服装还很多，如瑶族服装、藏族服装、基诺族服装、彝族服装、苗族服装、傈僳族（图 1-3-26）等。

图 1-3-26　色彩对比鲜明的傈僳族服饰

在民族服装中运用色彩的面积对比方式的有很多，比如蒙古族服装、壮族服装、白族服装（图 1-3-27）、侗族服装、纳西族服装等。这些民族服装色彩不乏丰富多彩，但用色上注重色彩的面积关系，通常以大面积的色彩衬托出小面积色彩的鲜艳亮丽或厚重醒目；大面积的用色注重色彩的单纯，小面积的色彩多采用多种色彩并置混合的方式，强调了色彩的对比效果，为取得色彩的和谐感，多在两种色块之间辅以黑色、白色或其他某一单纯的色彩，因此给人明快、持久和谐的感觉。

图 1-3-27　白族服装

　　服装色彩的明度对比是将不同明度的两色并列在一起，显得明的更明、暗的更暗。明度对比效果是由于同时对比所产生的错觉导致的，明度的差别有可能是一种颜色的明暗关系对比，也有可能是多种颜色的明暗关系对比。在民族服装中，服装色彩的明度对比给视觉带来了更加丰富的感受，通常服装色彩明度对比弱的，效果优雅、柔和；服装色彩明度对比强的，效果明快、强烈。

　　水族服装围裙色彩明度关系非常明显，显得层次感很强；藏族服装的色彩明度关系非常明快，富有节奏感；哈尼族、拉祜族等民族服装色彩对比强烈，以大面积深色取得平衡，显得古朴厚重。

（六）工艺精湛

学服装艺术设计的人都知道，服装艺术与其他艺术形态不同的是，民族服装的材质和技术性很强，材质性和工艺性是构成服装风格的重要因素。我国几乎所有的民族服装都注重工艺性，如果没有工艺技术做基础，民族服装艺术犹如无本之木、无源之水，不可能发展成现在这么丰富多彩、瑰丽诱人。"印染""刺绣""编织"等各项传统而古老的工艺长期在老百姓的生活中占据重要的位置，在我国传统观念中，女孩子自小就要学习服装的各项传统工艺，人们把女孩子掌握传统技艺高低好坏当作评价其能力和美德的标准。如彝族民间有"不长树的山不算山，不会绣花的女子不算彝家女"的说法。在我们今天来看，这些工艺看起来很简单，不需要大型机械设备，但其中却包含着丰富的生产经验和女性智慧，如印染讲究技艺的独特巧妙，刺绣讲究针法的精湛技巧和灵活多变的艺术特色，编织讲究纹样的编排和形式美感，而不同地区、不同民族的服装工艺又始终保持着浓郁的民族特点和朴实的地方风格。因此，我们说，民族服装之美也是工艺之美的显现。归结起来，民族服装的工艺之美主要是通过朴素大方的印染、瑰丽多彩的刺绣、厚重斑斓的编织表现出来的。

三、我国民族服装的丰富内涵

（一）历史性

民族民间服装的形成本质就是一个民族文明发展的历史记录。

（1）各民族服装与自己先民的生息发展和迁徙有关，是对祖先故土的缅怀，是对祖先迁徙路线与过程的记录。比如在我国西南地区，许多少数民族如苗族、侗族、哈尼族、瑶族等在漫长的历史进程中，曾经为了集体的生存发展而几度迁徙，至今依然传承下来的女子衣裙上的山川纹、田丘地块纹、天空田地纹、湖泊纹等，几乎都可认为是这类符号的代表。例如广西隆林苗族妇女百褶裙上的"九曲江河花纹"（图1-3-28），表现的是过去苗家人迁徙时经过的滔滔河水；贵州普定苗族女子百褶裙上的褶裥是表示怀念祖先的故土（图1-3-29），那些几何条纹表现的是她们在过去逃难中是怎么过黄河长江的，那密而窄的横条纹代表长江，宽而稀且中间有红黄的横线代表黄河；贵州黔东南地区的苗族百褶裙图案内容非常丰富，各种宽窄不一的条纹和方格状图案代表着曾经的家园有水和田地（图 1-3-30）。无怪乎学者们都把苗族称为"将历史穿在身上的民族"。

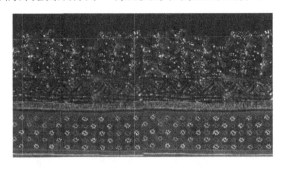

图 1-3-28　九曲江河花纹（广西隆林苗族妇女裙边）

图 1-3-29　褶裥（贵州普定地区）

图 1-3-30　宽窄不一的条纹和方格状图案

　　居住在云南地区的哈尼族，至今仍保留着将祖先从遥远的北方迁徙而来所经历的艰难与坎坷记录在服饰上的习惯（图1-3-31），他们在举行丧葬活动时，送葬人戴的帽子上绣着该民族祖先南下的历程图，帽子上的刺绣有五组不同色彩的三角形图案，每个三角形代表着哈尼族人所经历的某一个历史阶段的表象，象征着哈尼族祖先从远古到现在的全部历史。这与哈尼族祖先迁徙古歌《哈尼阿培聪坡坡》以及神话《祖先的脚印》《哈尼人的祖先》等所述的民族迁徙情形是相似的。

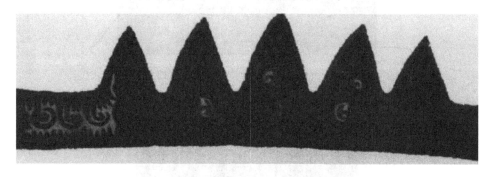

图1-3-31　哈尼族送葬帽子上五组三角形图案排列次序

　　少数民族服饰上的图案符号起到追根忆祖、记述往事、沿袭传统、储存文化的巨大作用，对于个人和族群而言，这是保存历史记忆的有效手段。

　　（2）历史性符号还反映在古代先人对各种灾害无能为力时产生的对征服灾害的力量的憧憬和向往。比如，黔东南地区有一个服装很特别的少数民族叫革家，这个民族传说过去天上有十个太阳，后来一个叫羿的后生得到神灵的帮助，拉开弓箭射下9个太阳，才保全了庄稼，给人民带来了希望，所以革家人自称是传说中的射日英雄羿的后代，他们对弯弓射日及弓箭崇拜之至，每家每户堂屋正前都祭祀着一套红白弓箭，小伙子盛装时腰上要佩戴弓箭，姑娘们头上要戴"白箭射日"帽（图1-3-32），这种帽子呈圆形，周围一圈红缨穗，帽顶有个小圆孔，圆孔中斜插着一支银簪，仿佛一支箭射中红艳艳的太阳，姑娘们戴着这样的红缨帽，再穿着整体像铠甲一样的"戎装"服饰。这种服饰作为一种特殊的有意义的符号，它成为革家人曾经征服过自然灾害的积极、乐观的象征。

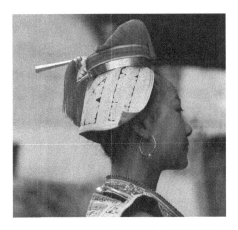

图 1-3-32 革家姑娘头戴"白箭射日"帽

（3）民族服装的历史性符号特点还体现在反映祖先的经历和民族的荣辱兴衰。比如，生活在四川茂县黑虎寨的羌族妇女，为纪念几百年前一位带领羌族人民英勇抗敌的英雄，许下"为将军戴孝一万年"的誓言，并用白布包缠在头上，据说将军生前名为"黑虎"，因而妇女们将白布头巾在头上折叠成虎头样子，当地寨子也取名为"黑虎寨"，成年男子则头裹青纱。到如今，黑虎寨中羌族男女这种独特的头饰"万年孝"传承至今，它鲜明地标示着这个民族曾经的荣辱兴衰（图 1-3-33）。

图 1-3-33 四川茂县黑虎寨羌族妇女"万年孝"头饰

居住在广西南丹、河池及贵州荔波县的白裤瑶女子衣背上有一个方形的图案，或为"回"字，或为"卍"字，传说当年一个土司夺走了瑶王印，瑶王率领本民族人民与土司战斗，后瑶王因伤势过重去世，后人为纪念这个民族英雄，将瑶王印作为图案绣在女子上衣上（图 1-3-34），意即瑶王的大印永远留在瑶族人的心中。同时又在男子裤子双膝处各绣上五道红色条状纹饰，象征着瑶王的血手印（图 1-3-35）。这类服饰符号，使瑶族人民对自己崇敬的民族英雄的怀念得到了心理满足。

图 1-3-34 瑶王印   图 1-3-35 血手印

（二）装饰性

在民族服饰符号中，有一些符号是无指称意义的符号，如同康德称为"纯粹美"的图案。康德认为纯粹的美，是一种我们不能明确地认识其目的或意义的美。他认为，古希腊装饰性的图案画、装饰性的镶边和糊墙纸、各种阿拉伯式的花纹和图案，都是纯粹美的例证。这类纯装饰性的符号，在全世界各个角落里，有着惊人相似的趋同现象，比如几何纹、波浪纹、漩涡纹等图案在世界各民族的服饰中都可以见到。

据考古学家考证，这些似乎是纯形式的几何线条，实际上是从写实的形象演化而来，有的是由植物图案演化而成，有的是由鸟、蛙等动物图案演化而成，后来这些图案的象征意义逐渐被淡化，装饰性胜过了象征性，最终抽象化、符号化。装饰性符号之所以能够在民族服饰上传承下来，就是因为这些图案纹样被认为是美的，它能给人带来审美愉悦感。其表现形式丰富多彩，具有强烈的形式美感，归纳起来通常为重复、对称、放射、序列、夸张、对比等。

以贵州凯里地区苗族妇女的盛装服饰为例，盛装以银饰的装饰为主，白花花的绣片在红黑两底色布上被衬托得异常醒目，俗称"银衣"。银衣用色彩艳丽的绣片与银片和银泡组合装饰而成，绣片主要以对称形式出现在肩部两侧及衣袖外侧，银片和银泡则从肩以下到整个背部的装饰：背部上端沿绣片边装饰一排小银泡，背部中心装饰两块大圆片银饰，再往下是以银泡与银片相间隔形式整齐排列，体现出序列的节奏感，让人感受到灿烂却又庄重的美（图 1-3-36）。

图 1-3-36　贵州凯里地区苗族妇女的盛装服饰

侗族妇女的背儿带（用于背孩子的一块方形绣片）正中有一个以多圈曲线组成的大圆形，由中心向外扩展，纹样的分布呈放射状。细看每一圈的曲线纹样，它们都不同，大致接近花瓣纹，其纹样细腻精美、色彩丰富，有着强烈的视觉冲击力（图 1-3-37）。

图 1-3-37　侗族妇女背儿带上的装饰纹样

新疆维吾尔族妇女喜爱一种特殊的衣料，叫做"艾德利斯"绸（图 1-3-38），穿在身上有很好的悬垂感和飘忽感，维吾尔族妇女多用于做裙子或包头。这种面料是双面显花的丝织品，纹样有自然形成的晕染效果，所以组合成的线条纹样和几何图形有着不规则的特点，但都按照一定方向进行重复排列，显得独特生动。这种极其抽象的图案纹样，也是纯装饰性的符号。

图 1-3-38 "艾德利斯"绸

西藏东部地区的藏族妇女爱在宽厚的藏袍外系一块彩条围裙，当地人称为"帮垫"（图 1-3-39）。帮垫由羊毛织成，有多条彩色条纹装饰，通常分为三组，每组的彩色条纹按色彩组合重复出现。在宽阔的雪域高原上，藏族女子这块彩条纹围裙为厚重的藏袍增添了几分妩媚。如果仔细从条纹的色彩和宽窄进行观察，牧区女子的帮垫颜色艳丽，条纹较宽；城镇女子的帮垫颜色淡雅，条纹较细，总体色彩丰富，却又有强烈的秩序感。

图 1-3-39 帮垫

　　有的装饰性符号来源于现实生活，人们在生活中观察的准确性保证了他们的这种造型能力，而且形象的每个动作都抓住最富于特征的瞬间。如广西瑶族服饰上常用到一些站立的人的造型，头部和上身被处理成三角形状，双手和腿用不同粗细长短的条状纹样表示，将这样的人纹图案重复排列，整个图案简洁而生动，形成了很强的装饰效果（图1-3-40）。

图 1-3-40　广西的瑶族服饰图案

　　在民族服饰中，创造者们在创造想象过程中，又可能在完全脱离自然原型的情况下，将各种不同的造型因素构合为新的形象，这种新的形象造型奇特，着重夸张物体的典型特征，而省略大量的非特征细节，装饰性更为强烈。生活在海南的黎族人纺织技术在历史上很发达，他们擅长织锦，织锦上的图案非常漂亮美丽，其中表现人的纹样造型形象夸张独特，特征突出：有着菱形的头部、粗壮发达的四肢，大人纹中间和周围都嵌套着小人纹，重重叠叠，显示出强有力的气势，充分展现了黎族人的审美观（图1-3-41）。

图 1-3-41　海南的黎族服饰图案

（三）文化性

早在远古时期，社会生产水平低下，那时候人们的服装以抵御恶劣的自然环境为主要目的，因此民族民间服装的地域性差异和实用性特征是在满足人们基本的生产生活需要的基础上诞生的，而非是某个民族对社会文化的需求或人们思想情感的表达。此外，远古时代的人们还在服装中融入本民族共同的精神寄托，这便是早期服装文化心理的体现。这种将崇神意愿寄托于服装上进行表达的行为，逐渐演化为服装文化的个性特征。

随着人类生产技术的发展和人类文明的进步，这些原始的服装的制作工艺、外形特征、功能价值和文化艺术价值等各个方面都逐步得到了完善，并最终形成固定的形式。在民族民间服装趋于定型的过程中，一个区域的民族民间文化共同心理也逐渐成熟，因此当某一种服装所包含的文化内涵与某一民族人群的共同文化心理相符合时，这种服装便会被这一群体所接受；同时，这种服装一旦在一个民族得到普及，便会反过来对这种群体的共同文化心理起到强化与维护作用。

据统计，目前我国大多数少数民族主要聚居在我国的西北、西南、东北等地。在中华人民共和国成立之前，我国各个少数民族的生产力水平普遍较为低下，且很多少数民族一直过着自给自足的小农生活。他们常年居住在远离大城市的地方，因此逐渐形成了一种"边缘文化"。尤其是在祖国边陲地区和偏远山区，这种"边缘文化"表现得尤为明显。由于生产、医疗条件相对落后，导致少数民族人口普遍稀少，生产方式单一，且不同少数民族间几乎没有什么沟通与交流，鲜明独特的民族民间服装正是在这样的环境下逐渐形成的。

我国许多少数民族没有自己的文字，民族服饰上的图案作为一种特定的文化符号，它是"有意义地替代另一种事物的东西"，具体体现在以下方面。

（1）参照现实对象虚拟出表达对象意义的形式。这类符号大多是把来自于现实的若干自然形体在巫术、图腾或其他神灵意义的基础上加以综合，成为超自然形体的造型，从而具有浓郁的灵异色彩和神秘力量。如苗族服饰上常用到龙的图案，龙的造型是苗族人综合了各类动物的形态产生的，它结合了许多神话传说，经常加以牛头、凤脑、蛇身、鱼身等形成多姿多彩的龙的形象，绣在服饰上，被称作牛首龙、蛇龙、蜈蚣龙、人头龙、鱼龙等，非常富有想象力与创造性。招龙的意义是祭奠祖先，保寨安民，乞风调雨顺等（图1-3-42）。

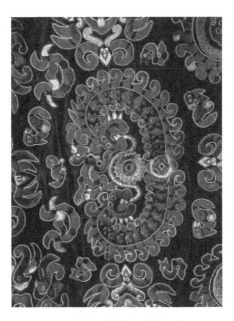

图 1-3-42　苗族服饰上龙纹图案之一

　　还有的文化象征符号传说是祖先的化身或象征，是动物崇拜和祖先崇拜的一种印记。例如藏族、畲族、伝佬族、苗族等民族崇敬牛。伝佬族人流传的神话故事里，牛曾经帮助伝佬族人脱离险境，是他们的救命恩人，历史上每年农历十一月初一，是伝佬族的牛王节，他们在这一天要举行祭牛王菩萨的仪式，喂养耕牛的人家在这一天不能让牛劳动，家家户户都杀鸡煮酒敬。藏族人崇拜牦牛随处可见，藏族的住宅院墙顶角、居室门楣上、寺庙经堂里放置牛头牛角，拉萨市的中心大道上，竖有金牦牛的雕像，凡经过这里的藏族群众都要向它顶礼膜拜、敬献哈达。藏族人还将牦牛艺术形象化，体现出对牦牛的崇拜，如寺庙里的壁画有牛的形象、唐卡上有牛头金刚像、玛尼石刻上有人身牛头像等，服饰上更是注入了宗教、巫术的寓意，将牛头图案制作成护身符，作为一种服饰品随身佩戴。畲族人们对牛也非常崇敬，畲族女子出嫁时，要把头发扭成髻高高地束在头顶，再冠以尖形布帽，形似半截牛角，将其称之为"牛角帽"。

（2）人类借用文化象征符号表达那些无法用语言述说的心灵内容，而这些符号的形成便是基于社会上约定俗成的作用，大家公认它具有某种意义，并相沿使用形成。例如，四川茂县地区的羌族女子围裙上喜爱装饰一种花朵图案，它有着夸张的花瓣，缩小的花梗和叶子，花朵造型显得异常丰满突出。相传羌族民间在远古时代羌族群众过着群婚式的原始生活，惹怒了天神，派女神俄巴西到人间，住在高山杜鹃花丛中，男人投生前向女神取一只右边的羊角并系上一枝杜鹃花，女的投生前取左边羊角系一枝杜鹃花，投生成长后，凡得到同一对羊角的男女方能结为夫妻。从此杜鹃花被羌族人称为羊角花，又叫爱情花、婚姻花，它象征着羌族男女的爱情，能给人带来美好的婚姻（图 1-3-43）。

图 1-3-43　杜鹃花图案

居住在云南丽江地区的纳西族妇女服饰很有特色，她们身穿用整张黑羊皮制作的披肩，从背后覆盖住整个背部，上下两端用白色布带在胸前交叉固定。我国古代的纳西族妇女十分勤劳，纳西族女人操持家务，照顾一家老小非常辛苦，经常从日出忙到日落，往往是"头上顶着星星出，脚上踏着月色回"，在田间辛勤劳作。因此，披肩后背的两肩处用丝线绣成两个圆盘，图案精美，分别代表日月，披肩的下端横向装饰着七个刺绣精美的圆牌，当地老人们都说这七个圆牌就是天上的北斗七星，妇女们的服装因此得名"披星戴月"，披肩上那些装饰圆盘作为一种文化符号成为纳西族妇女披星戴月、辛勤劳动的象征（图 1-3-44）。

图 1-3-44　纳西族"七星披肩"

四、现代服装的返璞归真

（一）民族原生态

科技发展到今天，曾经追求改造自然、征服自然的人类开始收敛这种不计后果的狂妄，或神秘或亲切的原生态元素被用于时装界，传递出人们对多元文化及和谐相处的期待，人们发觉服装是属于自然的，但也要回归自然。

用现代的材质和技术达到返璞归真的目的，时装材质从高山中来，也能重融大地，这是新时代设计师应有的人文关怀。当然，自然动植物带给时尚界的影响更是毋庸置疑的，比如，海洋生物身上的肌理纹样就可以成为设计师们的灵感来源。

时尚界敏感先行，引领了原生态风潮，竭力满足群众对于"牧歌"的向往。清新纯粹的质朴感配合现代风格的先锋前卫，自然主义以朴实又变化无穷的姿态注入时尚生活中。原生态本发生于自然生态领域，指一切顺应自然条件生存下来的东西。

最终原生态被定义为：没有经过雕琢的、存在于民间的、原始的、散发着乡土气息的、质朴的、自然的、清新的。由于原生态自身的环保特质，这个词的应用范围迅速扩大，有原生态舞蹈、原生态唱法、原生态民居、原生态食品、原生态旅游、原生态农业，等等，更彰显时代特征的是它对时尚圈的影响。西方时尚界在"波西米亚"风上演多年后，也将眼光转向了古老神秘的中国少数民族——除了常见的立领、侧衩、盘纽、滚边之外，还有纹样、配色，特别是风格理念等，很多民族风元素可以利用，粗麻布、蜡染工艺、银饰品、刺绣等频频出现在国际T形台上，引发让我们熟悉又新鲜的时尚潮流。

很多服装设计师都有强烈的原生态情结，因地域不同而产生的具有强烈中国特色的原生态民族服饰，为时装设计界带来了无穷的灵感（图 1-3-45）。

图 1-3-45　原生态情结的体现

如图 1-3-46 所示，左边是 Alexander McQueen 设计的银头饰，右边是苗族姑娘的银花帽。

早在 17 世纪，西方设计师们就尝试从东方的花朵、竹子、孔雀等动植物中寻找灵感，甚至因此创造出"Chinoiserie"这个单词，用来形容当时流行的艺术风格，具有中国特色的原生态元素令西方人士感到新奇，并对此赞叹不已。之后，富有创造天赋的时装设计大师伊夫·圣罗兰于 1978 年推出"中国风"系列，他的灵感来源于中国清代官服中的凉帽与马褂等样式（图 1-3-46）。在款式上借鉴了对襟马褂式，上装采用织金绣，在暗背景上强调金色和紫色线条，并结合清代马褂"袖口掩肘"的特点设计了又宽又短的袖子，上衣宽松、下装紧窄形成协调而又富有生机的对比，产生了不凡的视觉效果。

图 1-3-46　伊夫·圣罗兰 1978 年推出的"中国风"系列

2006 年，Dolce & Gabbana 春夏时装秀上，为了庆祝该品牌成立 20 周年，模特们清一色地穿着中国红——红色的羽毛头饰、红色的花卉装饰、红色的绸缎绑带高跟鞋，Domenico Dolce 和 Stefano Gabbana 这对黄金搭档也希望借助"中国红"给自己的第二个二十年讨个喜气。热情的中国红、富贵的中国金、加上少数民族风格的首饰以及叮当作响的徽章点缀，使这次纪念秀场上弥漫着浓烈的东方原始味道，中国情结洋溢在那片如同古画一般的中国红中。

Just Cavalli 将亮片和伽钉用到了极致，颗颗闪亮的斜钉变得圆润，排列得如同秦汉时期的乳丁纹，又因为周身大面积应用，使人联想到满清男子的旗装战袍，这一富有"朋克"味道的元素使神秘妩媚的连衣裙产生非凡的性感和硬朗的感觉。

Blumarine 将多彩赋予兽纹，极力宣扬原始野性美的巨大张力。Diane Von Furstenberg 则将兽纹、斑纹的密度进行缩放变化或者改变斑纹的走向，重新拼贴组合，加上兽纹的用料比较单纯，服装秀场时尚感十足的同时，却又弥漫着原始部落的原生态味道。

Stella McCartney 以东方的花卉刺绣为图案，蕾丝花朵或浓或淡地被精心布置在单色裙身上，显得格外素雅安静。同样是精致的东方刺绣，Max Azria 在繁花似锦的刺绣图案中点缀上彩色的珍珠，显得华贵纷繁，又有少数民族极强的装饰感，而其余的部分同样是只留底料原色不做任何点染，繁简相宜。

　　Jason Wu 是备受瞩目的年轻华裔设计师，他把中国红应用得得心应手，在他的小礼服设计中，出现了不少中国南方少数民族传统的交错菱形的刺绣图案，而提高的腰线又使胸前的美丽图案更为精致秀气，和兜肚有些神似，下摆的纯红搭配墨黑，显得浓郁高雅，款式单一却有声有色。2012 年 Jason Wu 更是将清宫的顶戴花翎、蟠龙刺绣搬上了 T 台，民族风不再是单一风格的存在，设计师以个性手法将之打散重组，呈现出非同一般的民族之美（图 1-3-47）。

图 1-3-47　Jason Wu 将清宫的顶戴花翎、蟠龙刺绣搬上了 T 台

　　向来擅长以黑白色给人留下深刻印象的香奈儿也利用中国少数民族的图腾意趣来革新设计。香奈儿将单色牡丹作为花卉图案，那些迂回曲折的线条表现出的花朵形态虽然大不相同，但纯粹的中式刺绣和排列出来的效果又很有图腾的味道，加上简约的剪裁，使整体设计更具现代化气息。

　　FENDI 从建筑中找到了创新点，设计师利用中国南方少数民族古城的飞檐结构，设计了一款与其神似的尖角灯笼袖，与一般的灯笼袖不同，这种灯笼袖袖口虽紧，但肩膀处宽松，而且肩膀最顶点处呈尖角状。而腰带上，同样是以红蓝两色搭配，鲜艳的配色很有少数民族服饰的感觉。

　　除此之外，Kenzo 曾经在黑色天鹅绒的面料上绣上醒目的民族图腾，搭配以西式的毛绒红色围巾，展现出一派热烈欢快的民族风情。Kenzo 对东方原生态元素的使用越来越不像以往那般西化，如同工笔花卉的方巾搭配和极有藏族气息的服饰吐露了他的东方秘密：高纯对比、线条明晰、明朗轻快。上文说到的色彩魔术师 Marc Jacobs，更是在方巾设计上用了在绘画界被称为"恶粉"的亮粉色搭配上"芥末绿"，新鲜醒目，视觉感强烈。

　　John Galliano 使用织锦刺绣面料的手法更显夸张，他的模特穿着像满族龙袍一样的金黄色服装，显得恢宏大气。此外，他还在真皮服装上做花卉刺绣，东西结合，别有意趣。Dior 回归到 20 世纪 60 年代的系列设计，延续了以往的浓墨重彩，热烈的红色晚礼服的局部刺着纤细的金色花线，像一尾红鲤，很有中国画里写意的味道，在那些类似杰奎琳·肯尼迪风格的套装里同样嗅得出一丝东方的味道：裙摆开衩处的镶边，上衣夹克的盘扣，都是由满族旗装发展而来的。不论是高级时装上大量的刺绣和手工工艺装饰，还是宽摆大裙利用羽毛堆砌所强调的厚重感，带有民俗风格的图案装饰是不变的重点，在时尚配件方面，用草编织出的包袋、帽子、腕表等配件再现了中国江南地区自然朴素的生活，蝴蝶、牡丹、雏菊、绿叶组合成的画面，令人想到中国纯美的自然风光，还有那些以各种玉石以及镶金边、手工添色技巧制作出的饰品，仿佛就是依照中国旧时女子身上佩戴的饰品复刻而来。

　　另一个颠覆性天才 Alexander McQueen 在任职 GIVENCHY 期间的高级定制服曾用中国的檀香扇制成披肩和裙子，此后在他的作品中竟常能见到中国风的影子，戏曲里的绒球盔头、过去宅门上的镇宅兽、剪纸窗花都是他撷取灵感的来源（图 1-3-48）。如今的 GIVENCHY 一方面将中国元素发展到极致，蝉翼般的蕾丝在层层叠叠中诉说女性的性感，另一方面加入了许多高原游牧民族元素，原白色的流苏大面积铺满胸前，随风摆动，浪子的自由感无与伦比，两者对比强烈。此外，Thierry Mugler Homme 的皮外套也格外引人注目，反复强调的肩部、直立的领子、白色的毛边，让人不禁想起电视剧《闯关东》里的人物。服装品牌 Julius 的红色上衣，MARELLA 的驼色带白色毛边背心则带有浓郁的藏族服饰风格。Peetchoo Krejeberg 用蓬松皮草成衣打造出爱斯基摩人服装的效果，显得标新立异，极具感染力的设计让人既惊骇又赞叹。ANTEPRIMA 的黑色暗压纹背心从浮雕的角度诠释了古老的东方艺术，像极了汉白玉柱子表面纹样的棉背心，沟沟壑壑的纹路间埋藏着数不尽的东方秘密。

图 1-3-48   Alexander McQueen 设计的中国民族风混搭时装

在服装界的设计师们发掘原生态东方元素的同时，首饰设计师们也不甘落后，世界知名的珠宝品牌，例如：卡地亚、蒂芙尼、迪奥、宝格丽等均用特别推出的带有中国民族元素的作品向古老的东方文化致意。Carlier 利用黑玛瑙将银色边缘塑成栀子花形，温软美丽。QEELIN FROM LANE CRAWFORD 以葫芦的优美轮廓设计了女士吊坠，不仅新颖而且田园气息十足。蒂芙尼吊饰集合了盘花、翠色、流苏等众多中国元素，以黑、银、绿为主色调，有着云贵地区少数民族的清雅秀美。

这些珠宝首饰在整体设计上仿古、仿生，却又不失随意自然的风格，加之铸造、镶嵌、磨砂、褶皱、抛光等人机混合的工艺，形成了中国特有的工艺特色。而珠宝的配件部分也利用红木、皮绳、流苏、编织链等民族元素体现了中国首饰的装饰性和艺术感。在探寻原生态文明方面很有创见的路易威登的配饰设计非常有创意，其把彩色小珠串在一起，制成手链或其他配饰。

"中国是个充满惊人魔力的地方，对于我们西方人来说，它具有一种神秘的吸引力。"说这句话的是乔治·阿玛尼（图 1-3-49）。中国剪纸般的印花是乔治·阿玛尼的一大特色，看似零碎，但又互相牵连，而模特儿戴的头饰与中国古代南方少数民族妇女戴的帽子也很是神似，乔治·阿玛尼将古朴而平面的花饰做出了优雅迷人的味道。阿玛尼将中国的国花情结应用在精致的丝绸手袋上，而 Gucci

的白色手袋设计称得上是对民族剪纸艺术的致敬，在青花瓷流行时，Gucci 让手袋变成了光洁的瓷器，活灵活现的红色腾龙一跃而上，中国龙让世界都觉得吉祥。

图 1-3-49　乔治·阿玛尼设计的中国风时装

随着越来越多的世界著名时装设计师争相发掘中国的少数民族元素，我们不难发现服装设计越来越强调地域特色和人文气息。如今，我们把服装也归为艺术范畴，而服装作为人类社会文明重要的表现形式，同样无法回避东方美的博大和神秘。现在的时装设计师不再只是用牡丹、水墨来笼统地概括东方的民族风格，原汁原味的少数民族元素也被设计师更深层次地理解和应用，在国际时装展示台上扬眉吐气。

（二）由民族到现代

我国历史悠久，民族众多，服饰文化资源博大精深，新颖的设计元素取之不尽，比如湘西苗族妇女服饰因其具有强烈的原生态民族特色而成为许多设计大师创意灵感的来源。

湘西苗族在湖南西部，具体指凤凰、吉首（原乾州）、花垣（原永绥）三地的苗族人，他们与土家族、汉族杂居。据记载，明清时期，湘西及毗邻地区的苗族受汉文化影响较深，有的女子改服易发，不再着对襟衣和裙，而穿长长的无领大满襟上衣和肥大的宽口裤。今天，一些偏僻边远的湘西苗寨（以阿拉营一带为

主)，仍然保留着这种古老的衣式，仿佛清末中原地区农家妇女的打扮一样。湘西苗女从六七岁就开始学习纹绣，用慧心和巧手做成衣裳，除了银饰和蜡染依靠大力气的男子外，其余如织花、打辫、剪纸、挑花、刺绣等工艺，都是苗族姑娘必备的本领，甚至是衡量女子聪慧与愚钝的标准。这些技术不仅用在盛装上，还用在平时的服饰上。

在当今时尚界中，湘西苗族的原生态民族风席卷而来，吹入人心。日本设计师三宅一生采取了苗族服饰的原生态元素，他钟情于采用纯棉面料、以鸡蛋清浆过且带有闪亮效果的苗族百褶裙，将其应用在他著名的皱褶系列服饰 "Pleats Please" 中（图 1-3-50 ）。可见大牌时装设计师对于苗族服饰的浓厚兴趣。

图 1-3-50　三宅一生的皱褶系列服饰 "Pleats Please"

Marc Jacobs 的东方民族情节似乎愈演愈烈，他设计的连衣裙布满了细腻的黑色蕾丝，而蕾丝表面下却透着民族扎染的蓝紫色过渡 "土布"，高领、半袖，摆边缘的荷叶边被处理成苗族蜡染百褶裙的样式，使高领而包裹严实的连衣裙更加生动活泼。Louis Vuitton 的 "80 年代" 风格服装中也用丝绸、印花、暗纹、刺绣等惊艳了我们，鲜橙色的底色使有着黑色边缘的彩色植物图案更加鲜明醒目，由于所有用色的纯度都很高，面积类似，致使亮色也不会脱离整体。相反的，当优雅的纯黑遇到高调的艳色，当层次丰富的蕾丝遇到高感光度的绸缎，对比的强烈程度可想而知；如同装饰画一样大胆地用色，夸张的建筑化肩部造型，都给我们眼睛带来最大的震撼。

Dior 的前首席设计师"顽童"约翰·加利亚诺（John Galliano）原本就擅长搜集世界各地的"少数派"民族元素，他总能游刃有余地将西方和东方、传统和现代的文化融合在自己的设计中，避免了设计的大同小异，也为 T 台源源不断地注入新的生命力与关注焦点。在他搜遍中东、北非、俄罗斯、东欧、美洲等地少数民族服饰之后，约翰·加利亚诺（Galliano）称中国是他"永不枯竭"的灵感来源。苗族的百鸟衣被他应用在绣花包的装饰上，苗族妇女罩着面纱、缀以银饰的宽边帽也被他大胆"拿来"。在 Folli Follie 的箱包上，绽放的花朵、寓意丰收的鱼、传递幸运的中国圆形古钱币，都是传统的手工工艺，这个 Collector's Grey 系列可谓是古色古香，很有凤凰城里苗族手链的味道，古朴亲切。

五、世界时尚流行的新局面

服装穿在身上后，服装服饰便成了人类的第二皮肤，人类总是在不停地对这第二皮肤进行改造设计。人类在改造服装服饰的过程中体现了无尽的创新能力。人类历史上的服饰造型变迁与人类的劳动实践、社会形态的更迭、科学技术的进步、文化的繁荣与碰撞、迁徙等因素有着密切联系

（一）西方文化的影响

1.殖民地时代的西方服饰文化扩张

在欧洲文化中服装之所以能够被世界各地的人熟悉，这与欧洲的殖民地文化是有直接联系的。比如，在西班牙将新大陆作为殖民地之后，西班牙人服装文化便植入了美洲。不管欧洲各国以什么样的名义来实行他们的殖民制度，或者用什么样的方式统治各自在海外的殖民地，都带有极强经济掠夺目的，这更是一种经济掠夺下的文化扩张。对外掠夺的成就使欧洲各国的人们带有极强的族裔中心主义观念，服装上也是如此。那些到世界各地实行"殖民主义"的欧洲人对本国服装体现出和自己祖国一样的无比忠心和热爱。自 16 世纪以来，世界各地几乎完

整地呈现着欧洲服装的变化历程，这是在西方殖民主义制度中，海外殖民地基本不受限制的部分。16世纪以后，建立在殖民地制度中的欧洲各国极尽奢华，体现在服装中亦是如此，潮流的更迭也在世界各地上演，尽管速度远远无法和现在相比。相比于外貌和语言，服装所带来的视觉上的刺激要强烈得多，在海外殖民地中，欧洲服装成为一种符号，在当地文化的映衬下显得很特别。基于殖民地本地社会文化的弱小，服装作为文化中最鲜明的表象，呈现出本地服装与欧洲服装的融合、改良与取代。中国旗袍确实美，但却是满族女子袍服与西方立体裁剪服装样式融合的产物。相对于另外两种情况，融合是文化中不加外力而自然发生的。而中山装却是在政治作用下推行的一种改良服装。当一个民族或国家完全放弃自己的传统服装时，在殖民主义制度中的欧洲服装文化就会呈现优势。

在欧洲本土，第一次世界大战爆发之前，欧洲服装文化的中心就已经确立为法国巴黎，战争的到来似乎没有改变巴黎作为时尚之都的地位。几乎所有的殖民地国家都被卷入世界性战争，因战争，越来越多的男性奔赴前线，这大大促进了女装朝着实用功能的改变，紧缺的物资也成为影响欧洲服装发展的一大因素。这样的改变更多的似乎是因为社会文化，却也因出现普遍的适应性而成为一种潮流。各国的英雄人物不断地被媒体报道，重复的次数多了，人们觉得似乎只有挺括的军装和宽阔的肩膀才能体现出人民对国家的热爱，女人们也用军装来体现自己的觉悟，显然，这也无意中塑造出一种时尚和流行，但这种时尚的政治意义要远远大于时尚本身。不过，战争之中名媛依然是要出席各种晚宴的，上流社会的服装文化中依然保留着高级定制的需求。

2.战后的西方服饰

战争结束后的欧洲国家很快就各自投入经济恢复的建设中。战争中人们被压抑的对服装美的渴望，如今终于得到弥补。巴黎迅速地适应着人们的需求，人们的消费也刺激着经济的蓬勃发展。如果说殖民主义制度奠定了人们对欧洲服装的接受能力，那么战争则是一种强制性的手段，使人们不得不选择最为经济实用的服装。此时，欧洲的实用性服装大大地发挥了其优势，一举成为世界性服装。但世界性的欧洲服装文化地位的巩固却要归结于战争结束之后刮起的世界性时尚潮流。人们似乎觉得那是没有自己的主观见解而盲目地去追求某个品牌的最新款式的表现，但如果现代社会中有任何一个人经历过两次世界大战，其认识可能会大不相同。世界性的战争给牵扯进来的国家带来的民族心理上的伤痛是不一样的，但经历战争苦难的人们对于美好的追求却没有不同，没有民族和国家的分别。在战争中，女性服装朴素的功能特征、军服化特征的对立面不是简洁而富于绝对的运动自由，而是华美的复古。因此，克里斯汀·迪奥的胜出并不仅仅是他设计裁剪技术的高明，更不是他本人对时尚的指挥作用，而是他刚好在那个时候设计出了一种既华丽又具有欧洲古典审美趣味特征的服装，这种服装既符合当时社会文化中人们对服装审美的需求，又符合经历了极强的实用功能特征后人们对服装机能的需求。不管是曾经的服装造型艺术家回归时尚圈也好，还是各种新品牌在20世纪50年代前后建立也罢，都无疑是世界普遍的社会文化对服装审美多样性追求的一种体现。

战后的一代尽管了解父辈们在战争中的艰苦付出，但对个人与国家之间的关系有了更新的认识，更注重个人价值和意义的体现。他们聚集在一起，创导不同于当前国家体系的无政府制度，然而服装却并不是追求回到原始社会的单纯，而是采用一种与社会文化对立的方式来打扮，人们把这种在服装上反叛打扮的人群叫作"嬉皮士"，也正是这样的打扮深刻地反映着他们对那个年代社会文化的抗议，这种抗议是如此普遍，以至于全世界多个国家都出现了数量庞大的"嬉皮士"团体。也许在如今看来，嬉皮士风格似乎也不能被称作是前卫的服装风格了。20世纪60年代之后的西方服装时尚文化极大地刺激了欧洲本国的需求，与其说是欧洲人在利益的需求下不断拓展市场，不如说在非洲、亚洲这样的地区，同样存在着对时尚的渴望。当服装造型艺术家对人们的需求和渴望置之不理，完全沉醉于自己所谓的服装美的认知的时候，人们并不会为这样的霸道买单，欧洲高级时装行业衰落和高级成衣兴盛的原因正在于此。

服装设计似乎从一开始就是随着服装材料的变化而不断变化的。显然，科技发展所带来的服装面料的极大丰富拓宽了服装设计方面的可能性，不管是性能，还是审美。当西方艺术上演各种对艺术概念的挑战时，服装似乎还没有达到那样的程度，所表现的仅仅是一些形式手法的借鉴，如伊夫·圣洛朗的蒙德里安式、艾尔萨·夏帕瑞丽的抽屉时装。而当西方艺术出现反叛时，服装文化的反映却如出一辙，最明显的是服装的暴露程度一步步地挑战社会文化的极限，秀场中甚至用一丝不挂的模特作为压轴款。然而更新的探索还在后面，人们对曾经被看作是哗众取宠的服饰艺术造型的接受能力大大提高了。

随着女性在社会文化中扮演的角色越来越重要，女装男性化成为女性社会地位变化的象征，或者说这是文化内在意义的一种体现。与那些时尚尖端的品牌服装秀相比，更加蓬勃的大众服装以庞大的消费群体占领着现代服装的绝大部分市场。人们普遍的偏好成为服装企业追随的热点，用于创造更新的业绩。

20世纪80年代世界性经济危机的到来使得西方经济普遍萧条，但并没有一种新的、更强大的社会文化动摇欧洲文化的世界主导地位，因而即便是经济危机爆发，服装服饰依然呈现出西方服饰占据主导地位的特点。然而必须引起注意的是，第二次世界大战后的日本和韩国通过引进外资和先进技术，调整经济发展战略，成为在世界上有影响力的国家，亚洲乃至世界服装呈现出日韩经济上升时期的文化扩张现象。日本服装设计呈现一种从日本国内向世界辐射的现象，在国际服装潮流趋势中有所体现。20世纪70年代末，服装不再是西式的贴身样式，更加趋向于宽松的样式，不同于欧洲传统文化的数学比例，而是一种更趋于协调的日式比例，越来越尊重着装者的性格。日本文化对世界的影响并不是宽松样式流行的唯一因素，但却是一种不可忽略的因素。20世纪80年代崛起的东方服饰三大巨头——三宅一生、川久保玲和山本耀司。20世纪90年代的日本、韩国文化相对于正在改革开放初期的中国有一定影响力，然而，日本和韩国并没有能将这种影响力持续下去：一方面，受日本、韩国本土社会文化内部矛盾制约；另一方面，中国经济的蓬勃发展带来了文化的繁荣，中国在国际社会的影响力给本国社会文化带来了新的生命力，民族内部文化自豪感的增强唤起了人们对自身文化的重视。

（二）中国服装流行的局面

1.民国时期掀起的潮流

无论东西方，20世纪20年代都是一个潮流萌发的年代。在西方它被称为"爵士时代"，那句著名的"这是一个奇迹的时代，一个艺术的时代，一个挥金如土的时代，也是一个充满嘲讽的时代"，便是形容此时的世界。那时的中国，无论是服饰还是政局都充满了各种不确定性，北洋时期社会纷乱，服饰上也有着相应的复杂情况。一方面西方风潮涌向摩登城市，另一方面旧时代的痕迹还未完全褪去。于是，穿袄裙、袄裤的人有之，穿洋装的人有之，穿旗装的人也有之，旗袍也诞生于此时。这也是女人们开始将头发剪短的年代。

1926年的杂志《良友》总结当时的各种服装，称中年妇女里最时髦的是袄裙、袄裤，而闺秀最时髦的是旗袍以及长马甲。按穿着者的年纪排行，从小到大依次是旗袍、长马甲、袄裙、袄裤。这个顺序大体上也适用于不同地区的潮流先后。

抗日战争爆发后，社会动荡，也影响了服装的风格，总体性更突出实用性。

2.改革开放后中国服装需求的变化

改革开放初期，国外的产品如潮水般一波又一波地涌进中国，国外丰富的服装时尚资源一时间极大地满足了国内缺乏已久的时尚审美需求，这种需求极大地刺激了人们对欧洲服装的消费，国内的企业也顺应这一趋势大量生产欧洲服装时尚款。国外的时尚品牌在中国的销量屡创新高，一些奢侈品也进入了中国市场。从目前中国服装行业的消费情况来看，中国已经完成了服装作为物质审美需求向精神审美需求的过渡，并在这个过程中完成了消费观念的变更，所谓的精神审美是比物质更深层次的需求，但并未上升到文化需求的层面。

文化需求呈现出社会趋同的融入，而精神需求是高于物质的一种崇拜心理。因此，对于服装而言，在未来需要将从精神需要转为文化需要。

中国从国家层面对传统文化，尤其对价值观念的引导是文化复兴的标志，一些行业的突飞猛进不断地向世界证明着中国的实力。经济的发展最终带来了文化的自信。历史原因导致的传统服装的遗失是暂时的，文化中的深层次精神才是服装的灵魂。中华民族上下五千年的历史文化不仅是民族复兴的根基，更是中华民族值得骄傲的辉煌，是中国现代服饰服装艺术取之不尽、用之不竭的源泉。

我国的民族民间服装是人民的一大创造物，是人民集体智慧的结晶。民间服装具备两种重要的价值，首先是使用价值，其次是审美价值，共同奠定了民族民间服装的重要地位。总的来说，民族民间传统服装是中国各民族人民在特定的社会历史环境与自然地域环境下，基于对特定的劳动、生活方式的感受与理解，并在适应环境、培养和追求美好和谐的精神境界的过程中逐渐形成的。民族民间服装往往能够体现出不同地区人民的性格特征、普遍的兴趣爱好、地理环境特征与民族社会变迁与文化历史，因此传统的民族民间服装具有很高的学术研究价值。

第二章　中国传统文化与服装设计的融合

本章主要对中国传统文化与服装设计的融合进行具体的分析，主要围绕中国民族服饰文化的解读、现代中国民族服装的传承与创新这两个方面展开，探究如何在中国传统文化的影响下做好民族服装的设计。

第一节　中国民族服饰文化的解读

任何事物的起源，一般都有长期孕育的过程。人类从最初的蒙昧时代到现在的文明社会，服装一直伴随着人类社会文化的发展而不断演变。人们通过服装这一途径来呈现诸多社会的、宗教的、政治的、经济的、伦理的、制度的等各种社会文化，服装已经在某种程度上将自身演绎成一种文化，成为整个社会文化圈中不可分割的一个重要组成部分。同时，社会发展也使人们的着装尺度、服装材质、服装色彩等不断地发生变化。因此，服装是一种社会文化形态，具有物质和精神双重属性。在对我国民族服装语言的时尚转换运用之前，有必要对影响民族服装的文化进行解读。

一、中国历史文化的影响

中国服装文化如同中国文化，是各民族互相渗透及影响而形成的。自汉唐以来，尤其是近代，大量吸纳与融化了世界各民族外来文化的优秀结晶，才演化成中国以汉族为主体的完整的服装文化。中国服装文化的历史源流，若从古典中寻找，总会将其归结于三皇五帝。如战国人所撰《吕览》和《世本》记述，黄帝时

"胡曹作衣"；或说："伯余、黄帝制衣裳。"这个时代，从考古发掘的文化遗存对照，应该是在距今五六千年前原始社会的母系氏族公社的繁荣时期。这个时期出土的实物有纺轮、骨针、纲坠等，还有纺织物的残片。甘肃出土的彩陶上的陶绘，已将上衣下裳相连的形制生动而又形象地描绘出来了。殷商时期的甲骨文中可见的象形文字就有桑、茧、帛等字样，可证明农业在当时的发展。

从出土的商代武器铜钺上存有雷纹的绢痕和丝织物残片等可以看出，那时的工艺水平的高超和精湛。

在殷商甲骨文中，可见王、臣、牧、奴、夷及王令等，衣冠服装随着生产力发展和社会分工，开始打上时代烙印，成了统治阶级"昭名兮、辨等威"的工具。尊卑贵贱的生产关系，促使服装也开始形成其固有的制度。

周代是中国冠服制度逐渐完善的时期。此时，有关服装的文字记载较为多见。随着等级制的产生，上下尊卑的区分，各种礼仪也应运而生。反映在服装上，有祭礼服、朝会服、从戎服、吊丧服、婚礼服。这些服装适应了天子与庶民，甚至被沿用于商周以来二千年的封建社会之中。

春秋战国时期，各国不全遵周制度，七国崛起，各自独立。其中除秦国因处西陲，与其他六国有差异外，其他六国均因各诸侯的爱好和奢侈，以及当时兴起的百家争鸣之风，在服装上各显风采。春申君的三千食客中的上客均着珠履；平原君后宫百数护卫王宫的卫士穿黑色戎衣，儒者穿缙服长裙褒袖、方履等等。汉初服装，与民无禁。西汉虽有天子所颁第八诏令的服装制度，但也不甚明白，大抵以四季节气而为服色之别，如春青、夏赤、秋黄、冬皂。汉代妇女的日常之服，则为上衣下裙。

自魏晋南北朝以来，由于北方少数民族入主中原，将自己的服装带到了这一地区。同时，大量民族服装文化也影响和同化了北方民族的服装。妇女的日常衣服仍是上身着襦、衫，下身穿裙子。襦、裙也可作为礼服之内的衬衣衫。

隋统一全国，尽管重新厘定了汉族的服装制度，然而也难摆脱由北向南统一而带来的北族服装形制的影响。到了唐代帝国的建立，才以其长时间的统治，加上其强盛的国力，令其服装制度上承历代制度，下启后世冠服制度之经道，同其社会一样，再度呈现出繁荣景象。隋唐时妇女的日常服装是衫、袄、裙，多见是上身着襦、袄、衫，而下身束裙。裙子以红色最流行，其次是紫、黄、绿色。唐代妇女的鞋子多将鞋头作凤形，尺码同男子相似。宫人侍左右者均着红棉靴，歌舞者也都着靴。妇女的日常服装名目繁多，有如袄、衫、袍、腰巾、抹胸、裙、裤、膝裤、袜、鞋、靴等等。

宋代北方大片土地沦为女真族贵族统治领地，服装文化也因其政治和经济因素而发生交互影响。《续资治通鉴》记载："临安府风俗，自十数年来，服装乱常，习为边装……"可见南宋京都也尚北服。宋代妇女的日常服装，大多上身穿袄、襦、衫、背子、半臂，下身束裙子、裤。

其面料为罗、纱、锦、绫、绢。尤其是裙子颇具风格，其质地多见罗纱，颜色中以石榴花的红色最注目。褶裥裙也是当时裙子中有特点的一种，有六幅、八幅、十二幅不等，贵族妇女着裙的褶裥更多。

元代是蒙古族人统治中原的时代。其服装既袭汉制，又推行其本族制度。元朝初建，也曾令在京士庶剃发为蒙古族装束。蒙古族的衣冠，以头戴帽笠为主，男子多戴耳环。然至元大德年间以后，蒙、汉间的士人之服也就各从其便了。妇女服装，富贵者多以貂鼠为衣，戴皮帽，一般则用羊皮和毡毳作衣冠材料。当时的袍式宽大而长，常作礼服之用。元末，因贵族人家以高丽男子女子的装束为美，又流行起衣服、靴、帽仿高丽式样。

朱元璋推翻元朝，建立大明帝国后，先是禁胡服、胡语、胡姓，继而又以明太祖的名义下诏：衣冠悉如唐代形制。明朝的皇帝冠服、文武百姓服装、内臣服装，其样式、等级、穿着礼仪真可谓繁缛，印证了当时平民百姓连日常服装，也有明文规定，如崇祯年间，皇帝命其太子、王子易服青布棉袄，紫花布衣、白布裤、蓝布裙、白布袜、青布鞋、戴皂布巾，装扮成百姓样子出面活动，也印证了着装状态。明代妇女服装规定民间妇女只能用紫色，不能用金绣。

袍衫只能用紫绿、桃红及浅淡色，不能用大衫已红、鸦青、黄色，带则用蓝绢布。明代的衣服出现用纽扣的样式。明代妇女的鞋式仍为凤头加绣或缀珠，宫人则着刺上小金花的云样鞋。

崇德三年（1638）努尔哈赤曾下令："有效他国（指汉族）衣冠束发裹足者，重治其罪。"清代又实行逼令剃发易服，按满族的习俗制度实行剃发改服。服装制度坚守旧制，尤其在男子服装上，保留满族特点，延续了极长的时期。尽管清代三令五申废除明代服装，然其官服上的补子仍采用了明朝的样制。命妇冠上所缀的金凤、金翟也仍承前制。清代的官服等级差别主要反映在冠上的顶子、花翎和补服上所绣的禽鸟和兽类。若排列名次可从皇帝开始，依上而下有皇太子、皇子、亲王、奉恩将军、公主、驸马等皇族宗室戚属。异姓封爵的有公、侯、伯、子、男、文武一品至九品官员，未入流的品官，以及进士、举人、贡生、监生、从耕农官。此外还有一等、二等、三等蓝领侍卫、侍臣等等，其官服均有严格区别。清代男子的服装以长袍马褂为主，此风在康熙后期雍正王朝最为流行。妇女服装在清代可谓满、汉族服装并存，满族妇女以长袍为主，汉族妇女则仍以上衣下裙为时尚。清代中期始，满汉各有仿效，至后期，满族效仿汉族的风气颇盛，甚至史书有"大半旗装改汉装，宫袍截作短衣裳"之记载。而汉族仿效满族服装的风气，此时也在达官贵妇中流行。妇女服装的样式及品种至清代也越来越多样，如背心、裙子、大衣、云肩、围巾、抹胸、腰带、眼镜……层出不穷。

1840 年以后进入近代，西洋文化的影响逐渐加大，许多沿海大城市，尤其是上海这样的大都会，因华洋杂居，得西方风气之先，服装也悄然发生变革。早期，服装式样变异甚少，民间仍然是长袍马褂为男子服装，女子则上袄下裙。从 20 世纪 20 年代至 40 年代末，中国旗袍风行了二十多年，款式几经变化，改变了中国妇女长期以来束胸驼背的旧貌，让女性体态与曲线美充分显示出来。自 30 年代起，旗袍几乎成了中国妇女的标准服装，民间妇女、学生、工人、达官显贵的太太，无不穿着，旗袍甚至成了交际场合和外交活动的礼服，后来，旗袍还传至国外，为别国女子仿效。

二、中国民族民间文化的影响

（一）图腾文化

各民族服装还体现了对于图腾文化的崇拜，比如彝族的原始图腾崇拜内容丰富，尚黑、崇火、英雄结等都源于原始图腾崇拜，并表现于服饰上。

1.尚黑

彝族尚黑。尚黑源于彝族的黑虎图腾崇拜。男子上衣襟边绣有虎、豹、鹰、龙四个古老彝族纹样，这 4 种动物都与彝族过去所崇拜的图腾有关。彝族古代对虎图腾的崇拜表现在多方面。据流传于楚雄地区的彝族史诗《梅葛》记载，在天地间什么也没有的时候，是神虎的尸体分解演变成万物：以虎的左眼作太阳，右眼作月亮，牙齿作星星，油脂作彩云，内脏作大海，血为海水，肠为江河，毛为林木，身上的虱子变成了猪、牛、羊等动物。由此，黑虎的"黑"象征着神秘的、茫茫的天体宇宙，构成天地万物的生机，天地日月的运动，承载于彝族服饰上一抽象的带有装饰意味的日、月、星、云、天河、彩虹等形象，还有山、河等大自然图形，虎、豹、鹰、龙、鸡冠、牛眼、羊角、獐牙等动物方面的图形，以及叶片、花、火镰、发辫、几何形等植物和什物图形虎有智慧、神奇的变化和巨大的力量，是彝族人崇拜虎的原因之一。历史上，在南召、大理国政权强盛时期，虎代表着权威和力量，披虎皮形成一种制度，虎皮还作为恩赐，用来赏赐功臣，并视军功等级有全披和半披的不同规定，披虎皮也是标志一些彝族酋长、首领的身份元素，是智慧与特权、权威的象征。彝族妇女们喜欢将虎的图案绣在各种服饰及其他用品上，如昆明近郊的彝族，为刚出生的婴儿准备的衣物，必是一式的虎头帽、虎头鞋和虎头兜肚，因为彝族自认为是虎族，为婴儿准备虎衣，便意味着虎族对新成员的血缘关系的认可。贵州毕节地区彝族妇女在出嫁时要戴虎头面罩；服装中的虎除了作为虎图腾及虎宇宙观意识的反映外，也有驱鬼避邪的作用与象征吉祥幸福的寓意。

2.崇火

火与彝族生产、生活的关系极大，故火也是彝族很重视的祭祈对象。农历六月二十四日是彝族古老的祭火节，俗称火把节，如图 2-1-1 所示。火把节期间杀牛、羊、猪、鸡，点火把照田以祈求农业丰收。每当这个时候，大人们就要准备两件事：一是准备火把节的祭牲品；二是准备家人的过节服装衣服、裤子、头帕、鞋袜，需要做的做，需要买的买，需要洗的洗。

图 2-1-1　彝族火把节

有人称彝族是一个火的民族，称彝族地区是一块被火把烧红的土地，而在火把节上呈现出的另一个更重要的景观就是彝族的服装展示。

3.英雄结

古汉文文献中所记述的"北有邛都国，各立君长。其人皆椎结、左衽，邑聚居……"其中"人皆椎结"。指的就是古代彝族先民的头髻，即英雄髻。英雄结（图2-1-2）的历史悠久，它产生于原始社会的部落战争时代，本来是古代彝族部落首领们用来记战功和给军队首领佩戴的一种标志，其含义是勇往直前。后来在彝族历史上，不仅彝族军队佩戴，民众百姓也喜欢戴之，因而变成了彝民族的一种尚勇标志，故汉代"有人皆椎结"之壮观和习俗，所以，彝族把它视为至高无上而神圣不可侵犯。东晋霍氏壁画中夷人均梳着"天菩萨"发式，此种头饰在南诏时期还形成严格的等级差异制度。至今大、小凉山彝族男子统一的发式仍俗称"天菩萨"（图2-1-3）。

图 2-1-2 "英雄结"　　　　　　　　图 2-1-3 "天菩萨"

（二）民俗文化

法国的山狄夫在《民俗学概论》中提出了民俗的三种分类：物质生活、精神生活、社会生活，民俗就是一个民族世代相传的民间生活风俗。民族服饰的民俗意义说明服饰的形式与观念存在于某一民族的社会风俗中。服饰本身既直接反映着物质民俗，如服装构成、穿着配套都有一定的民俗约定性与规范性，而且世代传承；同时服饰又是精神民俗，寄托着人们对生活的各种愿望和情感，如巫祝、厌胜、喜丧及贵贱等。

1.民意寄托

一个民族的民俗往往通过很多节日来表现，服饰是一个民族节日中最为丰富、最能体现民族精神的一种语言符号。如贵州黄岗侗寨的喊天节，整个村寨的人们，从儿童到老人以及巫师，都要穿上华丽的服饰来祭奠他们的萨母，以求一年的风调雨顺。如今我国很多民族依然保留着本民族的民俗文化，这也是其服饰文化能够延续发扬的一个重要手段。

在民族服饰中，图案是文化的一种印记，是民意的寄托。很多民族服饰图案多由原始的神化崇拜及自然居住环境衍生而来，由实物形象到抽象符号，从一种图案演变成多种形态的图案，有的甚至成为妇女之间交流的文字。服饰图案直接反映了人们祈求吉祥、富贵、平安、丰收等愿望，其形式有求子图、花蝶盘长、花开富贵、龙鸟呈祥、荷花绿叶、山茶牡丹、年年有鱼、二龙戏珠、人形纹、树纹、竹纹、蕨芨纹、鱼纹、蜘蛛纹、井纹、葫芦纹等。例如，贵州苗族服饰中的鲤鱼跳龙门纹样（图 2-1-4），贵州榕江地区侗族服饰中的背扇、围裙、头帕上的榕树与太阳纹（图 2-1-5），黎平尚重地区侗族妇女围裙飘带上的葫芦形香包的花朵图案（图 2-1-6）。

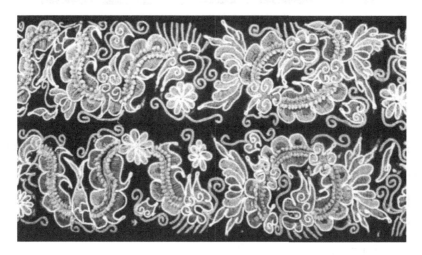

图 2-1-4　鲤鱼跳龙门纹样

图 2-1-5　背扇、围裙、头帕上的榕树与太阳纹

图 2-1-6 葫芦形香包的花朵图案

2.民俗事象

（1）民俗节日

许多民族都有自己的节日，尤其是在本民族传统节日的时候，人们都要穿戴最好的服装来展示自己。在一些少数民族的节日里，一个村寨的人往往都会穿着盛装出席节日的盛典，如贵州侗寨的鼓藏节，整个村落和临近村寨的人都会穿着盛装来参加聚会（图 2-1-7）。

图 2-1-7 贵州侗寨的鼓藏节

（2）人生重要阶段

在很多民俗生活中，人生的重要阶段往往通过不同的民俗活动表现出来，服装通常是民俗活动中最为主要的外在形式，如人生中的重要阶段——诞生、成年、结婚、去世等。人从一出生开始就与服装结缘，成年时要有成年礼仪，要穿着特殊的礼仪服装或留有特殊的装饰标志。结婚有婚礼服，不同国家和民族的婚礼服各不相同，这是每个人一生中都很期待的服装之一。人死后要着丧葬服，各民族的丧葬服也各不相同。不同的民族有着不同的民俗，这些服装都是从日常生活中演变而来。

在一些民族的风俗中，婴儿要举行穿戴仪式，如我国中东部地区人们常常在婴儿刚满一周岁的时候举行一个满岁仪式，给婴儿穿上特殊的贴身肚兜，上面绣着福禄寿喜、桃枝、鲤鱼跳龙门等图案。从儿童到成人是一个重要阶段，我国很多民族把成人礼当成很重要的一个仪式。例如，贵州邑沙苗寨男童时期，要留顶发、戴耳环、佩项圈；朝鲜族儿童的上衣用七色缎料相配象征彩虹，有光明、辟邪、祝福的民俗内涵（图 2-1-8）；彝族、侗族、纳西族等的女孩都会举行一个成人礼，换掉童年的裙装，穿上母亲为其亲手缝制的成人裙装，跨入成人阶段。

图 2-1-8　朝鲜族儿童的上衣

在一个民族的民俗事项中，结婚是人的一生中最为重要的环节，服装也是这一重要环节中的一个重点。很多民族的婚礼服装都比日常服装样式更复杂、装饰更丰富、佩饰品种更多样，常常被称为盛装。如黔东南榕江乐里一带的七十二侗寨女子的嫁衣（图 2-1-9）。相比之下，男子的婚礼服装则相对简单。

图 2-1-9　侗寨女子的嫁衣

一些民族地区，服装也是区别婚否的一个标志。例如，藏族未婚女子与已婚女子的发辫不同，少女发型为三股结扎成一个大辫子，可独辫盘在头上，已婚女子则梳小辫，可达 100 多根。

丧葬服在不同的民族有着不同的讲究。在一些民族的习俗中，对丧葬服的色彩有规定，反映出不同的求吉心理。我国很多民族的丧葬服的色彩以白色为主，并戴黑纱、白花以示哀悼。例如，汉族一些地区的丧葬服，一般为头戴白布，腰间围系白巾，手臂戴黑纱，不同辈分的人穿戴的色彩与款式也有些不同；在贵州的一些少数民族的葬礼中，逝者的儿子要穿大袍、马褂，如三都水族丧葬服采用白色棉、麻布作丧礼大袍，孝子孝孙穿白布长袍，头扎白巾、带白花帽，脚穿白布鞋。

（三）审美文化

朝鲜族女性的衣裙以纯白色的素服为主，在朝鲜族的文化体系中，纯白色是纯洁与高雅的象征。

蒙古族和藏族的人们，大多以畜牧业为生，他们的服装色彩丰富，尽显雍容与华贵。并且，蒙古族和藏族的服装在制作时大多选择价格较为昂贵的原材料，这些民族的人们喜欢在服装的衣领、衣襟等处添加一些装饰品。首饰以贵重、色彩艳丽的材料为主，如红珊瑚、绿松石等，讲究粗大壮硕、数量繁多，以显示其富足。

苗族的服装有"五色衣裳"的特点，苗族人喜欢在服装的领口、袖口等地方绣满花纹或是图案，并且喜欢在头部、颈部、胸口或者是手腕处戴上银饰品，这样一来，就让服装显示出庄重之感。苗族在服装色彩的使用和搭配上达到了很高的艺术境界。

彝族人尤其偏爱黑色和黄色，他们认为黑色是一种十分尊贵的颜色，而黄色则象征着华美。彝族人即使是穿白底的百褶裙，也一定要在上面镶上黑边，以充分显示其地位的尊贵与威严。与此同时，黄色和红色也是较常使用的颜色，衣服上的纹饰、配件多用红色、黄色的花纹加以装饰。

生活在云南地区的白族崇尚白色。白族女性常常穿着白色上衣、红色坎肩或者是浅蓝色上衣配丝绒黑坎肩，她们喜欢在服装的右衽结纽处挂"三须"或者是"五须"银饰，腰间系有绣着花纹的腰带，腰带上通常有用黑色的软线绣有蝴蝶、蜜蜂等花纹。白族妇女喜欢穿着蓝色的宽腿裤，并搭配绣着花纹的"百节鞋"。

布依族的妇女们偏好青色和蓝色，特别是生活在镇宁一带的布依族妇女们，更是对青蓝色尤为偏爱。在服装上，布依族的妇女们常常身穿大襟短衣及围裙，以青色和蓝色为主，她们的裙料常常采用白底子、上面绣着蓝花的蜡染花布，并镶绣各式精美的彩色绲边，展示出朴实、清新的审美情趣。

中国的民族民间传统服装多表现出一种严格对称的形式美感，这也是原始艺术在民族民间服装上的体现。尤其是我国的许多少数民族传统服装，大多都遵循着一定的形式美原则，此外还包括对服装的装饰，如镶嵌、刺绣、流苏等。

花腰彝人是彝族的一个重要分支，该民族的女性多穿镶缀宽边的对襟上衣。这种服装不只在外观形式上是对称的，就连服装上的装饰细节，如袖口、衣襟、袍边处的花边也都完全对称，可见这种对称法则在花腰彝人服装中占据着十分重要的地位。

哈尼族爱尼人妇女们喜欢用五颜六色的零碎布料来制作服装，虽然她们的服装色彩较为鲜艳，但在拼接零碎布料的时候，仍然特别注意图案和花色的严格对称，这一点是十分难得的。

佤族男子和德昂族妇女的服装，其衣襟两侧和后背上绣的纹样也呈现出严格的左右对称的基本特征。

阿昌族妇女在上衣前襟上绣的花卉图案均遵循左右对称的基本法则。

广西龙脊红瑶妇女的上衣前襟和围裙上绣的图案和花边十分规则，呈现出左右对称的基本形态，这也是严格遵循对称法则的一种体现。

南丹白裤瑶女性喜欢穿补绣坎肩，对襟上衣袖口和围裙上绣的图案及花边都呈现出左右对称的基本形式。坎肩背部的图案色彩十分鲜艳，其中腰部以上为左右对称，腰部以下为中心对称，从整体到细节都是严格对称的。

无论哪个民族，女性对身形美的追求从来都没有停止过，而要达到这一目的，最有效的方式就是在服装上下功夫。例如，广西那坡县的黑衣壮族妇女就有将衣褶缠在腰部的习俗，女性在行走时，衣褶随着胯部的运动而微微颤动，带给人飘逸、跳跃的美感。

景颇族女性多穿黑色的长袍，并在下身搭配黑色或红色的筒裙。每当各种节庆来临时，她们还会在上衣前后和肩上缀些许银泡或者是银片来进行装饰，并在颈上佩戴七个银项圈或者是一串银链子，有的人还会佩戴各种样式的银耳坠或银戒指。

景颇族男子的传统服装以白色或黑色的对襟圆领衣为主，包头布上会有各式各样的花边，并点缀彩色的小绒珠，若要出远门，还会佩带腰刀和筒帕。

一般来说，花腰傣族的女士服装上衣都是比较短小的，上衣通常分为两件，一件是内衣，内衣是贴身穿的；另一件是外衣，外衣没有领子。内衣上有一个小立领，左衽没有袖子，整体衣长较短，领边及下摆边沿都缀有一排闪亮的细银泡，在银泡的中间还点缀着银穗。外衣没有领子也没有纽扣，长度比内衣还短，仅仅能遮住胸部，襟边和下摆边镶彩条或刺绣花饰，有的襟部也嵌上细银泡及银穗，袖细长及腕，袖的下半截间镶嵌着红、黄、绿、白等色的彩布或彩色丝线绣饰。由于上衣比较短，腰部常常外露，故而又用一条较宽的彩带缠腰，既可系裙，又可束腰，"花腰傣"之称由此而来。

我国民间男子一直以来都是以阳刚为美，因此在服装上也有所体现。但不同民族，男性的服装样式也各有不同。生活在我国北方的各个民族男性服装普遍比较宽大，且多为长袍，脚上常穿高筒的皮靴，尤其是以狩猎、畜牧为主要劳动方式的民族，他们还会习惯性佩带弓箭、枪支、匕首等。这种宽大的服装不仅能够满足北方人民御寒的需要，还能够展现出一种粗犷、豪放之气。相反，南方地区气候潮湿炎热，民间服装多短小轻薄，因而南方男性服装能够凸显出一种机敏睿智之感。

第二节 现代中国民族服装的传承与创新

一、民族服装创新的必要性

服饰造型艺术为何要创新？如何获得服饰造型艺术的创新力？下面我们结合一定的文化来谈一谈这些问题。

人是社会的一份子，人离不开社会。人在社会文化中成长，学习文化中的各种规范，并以社会文化的标准来约束和规范自己的行为。我们都是透过文化这层滤镜观察我们周遭的世界；人的思维和观念很大程度上是受社会文化影响的。在文化中每个人思考、感受和行动的方式即人格皆不同，人格是一种个人濡化的产物，并带有独特的遗传品质，濡化就是在某一种文化成长的过程中对该文化习得的过程，包括价值观、社会准则等。人格的发展受到不同因素的影响。西格蒙德·弗洛伊德认为，一个人儿童时期的经历是最基础、最具有决定性的因素，成年人的心理只不过是童年经验的直接投射。然而，社会文化的差异决定了育儿的训练方式。一些文化偏向于用一种社会化的方式来教育儿童，这种训练方式促使人从更大的族群等方面来思考自我，因此对自我的理解超越了个人主义，倾向于顺从地接收任务，在群体中维持着个人。一些文化偏向于对儿童的个人意志及独断力进行鼓励，对其取得的胜利进行表扬。不同的文化对人格有不同的偏好，因而出现某一些群体具有一些共同的人格特征。在社会文化中，在一个社会群体中，某种人格特征出现频率非常高，并成为这种文化的人格特征的典型代表。当一个国家呈现出某种典型的人格特质时，这种人格特征就被称为国民性典型人格。与其说是育儿实践和教育理论导致了这种国民性典型人格的形成，不如说是社会文化造就了国民性典型人格，有怎样的社会文化就必然会有怎样的国民性典型人格。从这个意义上来说，作为人格的重要组成部分的思维、观念都是具有社会文化特征的。

　　然而文化却是处在动态与变化中的，反映着大多数人的需求，文化需要适应所面临的各种挑战，包括发展、繁荣、传承及危机。尤其是在与其他文化碰撞或文化自身遇到危机时，文化需要整合多方面的需求以使群体能在危机与挑战中生存。个人思维与文化需求有时是一致的，但也会有超前或落后的情况。当人的思维观念无法与社会文化需求一致时，如果固有的思维占主导地位就会导致个人观念朝着守旧的一面发展；如果固有的思维没有占主导地位，取而代之的是改变和濡化，在某一种文化成长的过程中对该文化习得的过程，包括价值观、社会准则等。如果一个人注重文化的更新，那么个人的观念就会朝着革新的一面发展。

（一）社会文化对服装的必然要求

　　当文化的开放程度较低时，社会成员对于外来事物的接受程度就会非常低，表现出思维观念守旧的特点，具有保守特征的文化通常会抵制外来文化、抵制变化，表现在服装服饰中就是执着于传统服饰，甚至拒绝接受流行。在没有外力和技术变革的情况下，其民族服饰会因这样的文化特征而在较长的时间内保持不变。中国服饰历史上自商代确立上衣下裳至清朝灭亡这三千五百多年里，服饰并无根本性变革，也反映出其间中国社会文化并无根本性的变革。

　　当文化的开放程度较高时，社会成员对于外来事物的接受程度就会非常高，思维观念表现出创新性特点，文化也体现出流动性特征。如果文化的开放程度极高，表现在服饰造型上则是鲜明的、与众不同的特征，并呈现出强烈的流行性以及民族服饰上的明显变化。如果文化的开放程度适中，在与其他文化碰撞时，服装服饰就会出现外来款式与本民族的结合，呈现出改良款式。中国服装史上民国时期旗袍、学生装、中山装等所未见的改良款式的出现，反映出当时中国上层社会、知识分子在思想上对西方文化高度接受的态度。

　　从现有的思维模式出发，提出有别于常规或常人思路的见解，利用现有的知识和物质，在特定的环境中，本着理想化需要或为满足社会需求，而改进或创造新的事物、方法、元素、路径、环境，并能获得一定有益效果的行为都叫作创新。服饰造型是一种需要创新精神的艺术，或者说是在探求社会文化变迁的过程中大多数人内心需求的一种艺术。文化的整合与流动决定了人们的这种需求必然与以往的不同，就个人而言，在旧有款式的基础上出现些许新变化的服饰更符合个人与他人相区别的心理需求。因而，服饰造型追求创新从本质上而言是社会文化的需求。

（二）国际时尚的共性趋势

现在是各民族的传统文化、生存的环境、方式、观念、意义与艺术设计的理念不断走向趋同的时代，全球经济一体化促进了各国经济的发展，也给中国的经济提供了发展的空间与机会。但文化的趋同（一体化）也使服装设计走向同质化的边缘。中国的博大精深的民族文化与纷繁绮丽的传统服饰，是世界上任何国家都无法相比的，它能为服装设计提供取之不尽的元素资源。正如近年来国际顶级的品牌与超级时装设计师越来越表现出对中国文化和元素的敬意一样，中国设计师也在融民族与时尚于一体的设计中，为复兴中华服饰文化做出了前所未有的成就，"利郎""卡宾"等多个中国著名服装品牌相继进入国际时装帝国的超级 T 台发布会，赢得了国际服装界的赞誉；"柒牌"运用中国博大精深的民族文化及其元素进行"中华立领"的创造，丰富了世界服饰文化，使男装变得更为多彩纷呈。近几年许多设计师对用时尚元素与古典或民族服饰相融合进行创造设计有着特别的兴趣，他们将不同国度、不同历史时代感的地域性文化风潮，或不同文化的碰撞与交合的元素和灵感来源进行自己的设计，呈现出多元的国际时尚共性趋势动态。

二、结合时尚潮流带来的启示

中国古书《礼记·檀弓上》中就有"夏后氏尚黑"的描述。自古以来人们就追求着流行，古人尚且如此，更何况现代人。现代人对于流行的追求已经达到了狂热痴迷的程度，一阵流行风渐渐刮来，使得尘世中的人们不约而同地走向流行的行列。从人们的思想、观念、认识到生活方式的改变，从言谈举止到争先恐后的行动，从吃穿住行到学习、工作、娱乐等，时尚的潮流驾驭着人类前行的历史旅程。

　　流行又称时尚，是一种客观的社会现象。它是指在一定的历史时期，一定数量范围的人，受某种意识的驱使，以模仿为媒介而普遍采取某种生活行动、生活方式或者观念意识时所形成的社会现象，反映了人们在日常生活中的兴趣和爱好。它通过社会成员对某一事物的崇尚和追求，使社会成员达到身心等多方面的满足。它所涉及的内容相当广泛，不但有着人类实际生活领域的流行，而且还有人类的思想观念、宗教信仰、审美观念等意识形态领域的流行。但是在众多的流行现象中，与人密切相关的服装总是占有显著的地位，它不但反映了物质生活的流动、变迁和发展，而且还反映了人们世界观和价值观的转变，成为人类社会文化的一个重要组成部分。服装流行是在一种特定的环境与背景条件下产生的多数人钟爱某类服装的一种社会现象，它是物质文明发展的必然，是时代的象征。服装流行是客观存在的一种社会文化现象，它的出现是人类爱美、求新心理的一种外在表现形式。这种流行倾向一旦确定，就会在一定的范围内被较多的人所接受。例如生产童装的设计师要看动画片，要知道这个时期最流行的动画片是什么，孩子们最喜欢的卡通人物是谁，只有把童装和生活有机地结合起来，才能设计出孩子们喜欢的流行童装。服装流行的式样具体表现在款式、面料、色彩、图案纹饰和装饰工艺以及穿着方式等方面，并且由此形成各种不同的着装风格。

　　一般服装的流行要素主要有以下几个方面：服装款式的流行倾向，主要是指服装的外形轮廓和主要部位的外观设计特征等；服装面料的流行倾向，主要是指面料所采用的原料成分、织造方法、织造结构和外观效果；服装色彩的流行倾向，主要是指在报纸、杂志上公布的权威预测，并在一定的时间和空间范围内受人们欢迎的色彩；服装纹样的流行倾向，主要是指成衣图案的风格、形式、表现技法，如人物、动物、花卉、风景、抽象图案、几何图形等；服装工艺装饰的流行倾向，主要是指在不同时期内采取的一些新的机缝明线的方法。这些流行要素的时效性具体体现在周期性与时空性两个方面。

　　服装流行周期是指一种流行式样的兴起、高潮和衰落的过程。流行的周期，循环间隔时间的长短在于它变化的内涵。凡是质变的，间隔的时间相对较长；凡是量变的，间隔的时间会相对短一些。所谓"质变"，是指一种设计格调的循环变化。一种新颖的服装款式，可能流行一两年就过时了，但它仍旧是一种格调、风格，只不过不再是一种流行款式而已。但是在若干年后，它又会以一种新的面貌出现。美国加利福尼亚州立大学教授克罗在观察了各种服装款式的兴起和衰落后，得出了这样一个结论：服装循环间隔周期大约为1个世纪，在这间隔里又会有数不清的变化……人们对于服装特征的独立研究表明，某种服饰风格或者模式趋向于有规律的周期性重现，时尚周期的另一个尺度与"循环周期"的原则相关，即是一定时期的循环再现。近年来，国际服装流行的周期性循环现象比比皆是，比如典型外轮廓造型之一的直筒式，是20世纪初流行的迪奥风格成衣的再现，而复古自然回归等主题，也是服装格调的周期循环。

在服装流行的时间上，周期的长短没有固定的时间界限，短则几天、几个月，长则数年，服装流行周期从介绍阶段到衰落阶段呈现大起大落的突出特点。介绍阶段是指新款成衣刚刚投放市场，通过广告宣传，消费"带头人"的购买作用，开始为消费者知晓的阶段，这一阶段是服装产品的试销期。衰落阶段是指服装产品对大多数消费者而言不再具有吸引力，消费"带头人"早已放弃这种商品，转而去追求另一种流行样式，此服装产品开始廉价抛售，最终退出市场。另外，服装的流行周期具有一定的循环性。例如，如果一个人穿上离时兴还有5年的时装，可能会被认为是稀罕物，精神不太正常；提前1年穿上，则会被认为是大胆的行为；而在流行的当年穿，会被认为非常得体；而1年后再穿就显得土气；5年后再穿就成了"古董"；可过20年再穿，又会被认为很新奇，又有可能成为时尚。比如"迷你裙"的再次回归，就说明了成衣流行周期具有一定的循环性。

此外，流行和富于变化是服装的一个重要特点，大多数服装的流行周期只有一个季节。特别是随着人们生活水平的提高，人们的消费观念开始改变，追求个性、多变、新奇的服装已经开始成为时尚。服装流行周期短，不仅仅表现在季节性更迭，还可能表现在面料、色彩、款式、设计和其他配套等方面。

流行元素还联系着一定的时空概念，时间与空间都有它们的相对性。因为"新"在流行的过程中是最具有诱惑力的字眼，流行只有在"新"的视觉冲击下才能保持旺盛的生命力。所以今天的流行、明天的落伍便成了司空见惯的现象；服装更新得越快，它的时效性就越短。从法国服装中心几十年来展示的服装中可以看到风格的突变：曾经是色彩灰暗、宽松的服装流行全球，继而便是金光闪闪、珠光宝气、缀满饰物的服装充斥市场；喇叭裤虽然以挺拔优美的气质独领旗帜许多年，但是仍然无力抵挡流行的浪潮，最终被宽松的"萝卜裤"占先，紧接着又出现了直筒裤、高腰裤以及实用而又优雅的宽口裤、九分裤和七分裤等。服装款式的变换、花样的翻新令人眼花缭乱。近年来，就连人们认为变化比较稳定的男装，也因为受到潮流的影响和冲击而在不断地变化着。

（一）时尚潮流发展的优势所在

2006 年，国际时尚趋势研究中心预计"快速、时尚"将成为未来十年服饰行业的发展趋势，这样的预测是非常准确的。截至目前，时尚所提供的当下流行的元素，以低价、款多、量少为特点，极大地激发了消费者的兴趣，最大限度地满足了消费者需求。这样的模式获得了消费者的认可，一些快速时尚迅速在全球火爆发展。

时尚文化是全球化、民主化、年轻化和网络化共同影响下的产物，其最主要的特点就是速度快。一方面，用极快的速度将流行元素及时展现给消费者；另一方面，市场的消费信息、潮流变化信息又迅速地反馈到企业。因此，时尚产业不但紧跟流行，而且其产品开发和产品配送对市场和消费者的反馈也极快。快时尚品牌的服装品类多，但为满足消费者对流行与个性的需求，每个品类数量不多，因此，时尚品牌根本无法扮演时尚的创造者形象，但时尚品牌却是对时尚反应最快速的品牌。其设计团队从世界各大时装周以及各地的市场流行调研报告中搜集最流行的元素，经过整合，以最快的速度传递到品牌的店面中，供消费者挑选，这就大大缩短了产品开发的周期。时尚品牌采用服装 SPA 模式，优化供应链，减少不必要的中间环节，节约成本，提高效率，实行从商品策划、制造到零售都整合起来的垂直整合型的销售模式，这种模式能够有效地反映消费者的需求，将顾客与供应商紧密地联系起来，大幅度压缩物流费用和时间，最大限度降低需求预测的风险，实现快速反应供货。从需求调研、创意、企划、设计、打样、生产、物流到上架，周期仅为 14 天，相对于传统品牌长达 12 个月的产品开发周期而言，这简直是不可思议的。既避免了打折库存影响收益，又可以使店铺内的产品快速更新。

时尚品牌几乎没有固定的符号或象征，它们跟随潮流不断地变化，或者说，时尚品牌没有特别鲜明的品牌文化，而是潮流的跟随者。

时尚品牌的旗舰店里的货品几乎每周都会翻新，这种对时尚步伐的紧跟是时尚成功的法宝。这种紧跟时尚的方式可以被称为"傍大款"，一些奢侈品牌上新的款式通过对时尚的迅速反应，很快就会有类似样式出现在时尚品牌旗舰店里。由于时尚品牌大多定位于年轻的时尚群体，这些年轻人个性张扬，追求时尚的服饰与生活方式，有独到的审美品位，为了满足年轻群体的需求，时尚品牌必须及时捕捉时尚资讯，在最恰当的时候推出流行的服饰。此外，旗舰店地址的选择也"傍大款"。时尚品牌通常会在全世界各地设置时尚据点，随时搜集流行信息，并及时反馈给总部。

时尚品牌的时尚性还体现在时尚营销策略上。例如与世界知名设计师或品牌合作，联合推出限量款，这种时尚营销策略大大地提高了品牌的知名度，同时使品牌文化和内涵得到拓展。

时尚和平价也互不冲突，时尚是普通消费者"买得起的时尚"，人们以低廉的价格就可以享受到时尚。这里的低价是指时尚品牌相对于同样销售时尚服饰的国际品牌而言的"相对低价"。时尚品牌在时尚与价位之间找到一个平衡点，以其亲民的价格和与时尚接轨，使得消费者既能享受到时尚又能承担消费价格。越来越多的明星和名媛如英国凯特王妃、名模凯特莫斯等人也加入时尚的行列。

时尚品牌产品种类丰富，风格多样。不同的单品组合摆放，为消费者的搭配提供了参考，使不同的消费者在店内总能选择到合适的单品或组合，满足了消费者多样化的需求。时尚品牌的产品上新速度使消费者经常光顾旗舰店。尽管快时尚品牌会在规定时间内给每个门店补货的机会，但时间一旦错过就无法再补货，这使消费者感觉到如果遇到自己喜欢的衣服却不买，下次来就可能已经没有了，这一想法促使消费者改变了固有的"货比三家"的消费习惯。

（二）时尚潮流不足之处的警醒

首先是资源浪费、不环保。虽然时尚以快速更新的产品给消费者提供新鲜感和精神上的喜悦感，低廉的价格也促使消费者增加消费频率。但是客观来说，这却是一种物质资源的浪费。大多数时尚品牌的服装可以说是一流的设计，款式前卫，但却是三流的面料和做工，这也是时尚品牌价位相对低廉的根本原因。时尚品牌服装紧跟潮流，有些流行元素仅仅只有一个季的生命力，这就导致时尚品牌款式非常容易过时，服装款式一旦过时就失去了价值，就会成为废弃物被堆放在一边，这种积压将造成长久的浪费。因此，很多环保人士认为，时尚在原材料、人工上都是一种资源的浪费，这种浪费不利于可持续发展，并在一定程度上破坏了环境。

事实上，时尚品牌和环保的关系相当尴尬。一方面，服饰制作过程中会产生大量污染；另一方面，时尚品牌廉价不耐穿的服装使用周期短，换句话说，其作为垃圾被丢弃的频率更高，大量不易降解、不易再生的材料增加了地球的负担。最新数据显示，1000 克棉布大约可制成一件 T 恤和一条牛仔裤，但这需要消耗掉两万多升水。可以说，服装纺织业成了世界上仅次于石油业的污染产业，而时尚品牌却在促使人们购买更多的新型服装款式。

与时尚惊人业绩相对应的是时尚工厂工人们的工资和健康。第三世界的时尚工厂的工人们只能拿到最低工资，而他们的健康却被在生产时尚所需廉价布料时产生的化学品影响。

在如今的英国，人们拥有的衣物数量是 30 年前的 4 倍，每个人每年平均花费 625 英镑（约 5530 元人民币）购置衣物，每年新购衣服 28 千克，全国每年消费 172 万吨时尚产品。在消费的同时，每年有同等重量的衣物被扔进垃圾桶，尽管它们根本算不上是旧衣服。美国杂志 The Atlantic 报道称，美国一年有 1050 万吨衣服最终被送往垃圾堆填区，这就是为何薇薇安·韦斯特伍德要呼吁人们为了保护地球而抵制廉价服装的原因所在。

上文已经提及，时尚品牌几乎不自主创立风格，而是时尚的快速反应者。服饰行业在设计上需要很大投入，而时尚品牌在商业模式的制约下根本无法对原创投入大量时间、精力和资金，这就导致快时尚品牌在服饰产品的设计上不得不借鉴其他品牌的产品，从而产生抄袭问题，这使得快时尚品牌屡屡陷入知识产权官司之中。这种极低的自主创新能力成为制约快时尚品牌发展的一个影响因素。

其次是质量差、性价比低。随着中国代工厂劳动力成本的不断增加，时尚品牌为保持低价定位，不得不进一步压缩原料成本，最终导致其产品出现各种质量问题。仅在 2014 年上半年的国家进口服装质量检查中，396 例质量安全不合格的进口服装里，不合格批次最多的前 5 大品牌中有 4 个为时尚品牌，分别为 FOREVER21、ZARA、H&M 和 MANGOS，不合格数量达 107 例，占所有不合格品牌的 27.02%。

时尚品牌不合格占比居高不下，这和时尚品牌色彩绚丽有较大的关系。在面料染色过程中，由于染色时间较短，色牢度、pH 值、甲醛含量等问题非常明显地凸显出来，甲醛超标能引发呼吸道和皮肤炎症等，pH 值过高或过低会使皮肤受其他病菌侵害。如果是婴儿服装，浅色面料的耐唾液色牢度不合格会直接影响纺织品的质量，穿着的安全系数会大大降低。在 2014 年，ZARA 就因色牢度不符合国标、纤维含量不合格问题等被中国质量监管部门两度点名，这已是 ZARA 自 2006 年入华以来第 15 次登上质量"黑榜"。时尚品牌的检验合格率仅百分之六十几，让人大跌眼镜。2017 年 5 月中国质检总局发布的进口工业产品不合格信息中显示，GAP、H&M、ZARA、TOPSHOP 等快时尚品牌均因色牢度不合格问题再登黑榜。时尚品牌的检验合格率仅百分之六十几，让人大跌眼镜。

三、中国民族服装创新的思维分析

中国民族服装如果想要获得更好的发展，就必须在继承的基础上进行创新，而对于创新来说，形成创新思维是尤为必要的。创新思维受到多方面因素的影响，如文化、教育、家庭背景、父母的教育观念、个人的性格、人生经历等。我们都习惯以文化的标准来规范自己，或者按照往常的经验来思考问题，并形成一种固有的思维观念，这些观念束缚着我们，且很难被打破，但这并不意味着思维习惯是不能被打破的。服装设计永远在追求更新的样式，那就意味着不仅要采取更新的理念、更新的设计及生产方法来完成创新，还要开辟新的市场，这要求我们不仅不能受现成的常规思路的约束，还要寻求对问题的全新的独特性的解答和方法，这样的思维就是创新思维。因此，打破旧有的思维观念在服装设计中是一种必然。当我们站在更高的层次时，我们的思维就不那么容易受传统、习惯及文化的限制，服装设计需要一些特殊的思维方式来帮助创新，这些思维方式很多是在日常生活中不那么常用的。

（一）逆向

1.逆向思维特点

故意冲破传统习惯模式的禁锢，将思维不停地从逆反的方向进行延伸就叫作逆向思维。这种思维方式，总是与常人的思维取向相反，让思维向对立面的方向发展，比如人弃我取、人进我退、人动我静、人刚我柔等。逆向思维强调与原有传统立异、不相容，是一种非常容易打破传统的思维，不仅是发现问题、分析问题和解决问题的重要手段，还是有助于克服思维定式的局限性的重要方式。逆向思维具有批判、怀疑、反向、异常、新颖的特征，所形成的反叛性理念起初不一定能被大众接受。世界上不存在绝对的逆向思维模式，当一种公认的逆向思维模式被大多数人掌握并应用时，它也就变成了正向思维模式。

在传统民族服装的设计中运用逆向思维可以创造出新的风格，"反时尚"风格就是通过逆向思维创造出来的。如果能在保持部分传统服装特征的基础上，对一些局部作反叛的设计，大众的接受程度会比较高一些。比如，亚历山大·麦昆就常用这样的逆向思维方式来进行设计，人们称他为时尚界的"坏男孩"，气驴蹄鞋、超低腰牛仔裤等无不体现着其思维中的反叛特质。对于服装设计而言，运用逆向思维可能产生另外一种情况，既不完全否定传统服饰，又不是局部的改良，而是在传统服饰基础上结合一些与传统不相容的手法，形成一种既容纳传统又反叛传统，同时具有全新特质的风格。克里斯汀·迪奥在20世纪40至50年代创造的同名品牌正是这样一种风格。

2.逆向思维训练

服饰造型中的逆向思维是一种强调否定传统的思维，故经常需要用怀疑的精神去思考造型中的一些问题：为什么这个省道要这样处理？为什么西服就一定是中规中矩的？宝剑头不一定只能用在袖子上吧？如果对传统服装更多的方面都抱有一种怀疑精神，那么就更容易打破习惯性的思维。当我们用怀疑的态度审视传统服饰时，一些新的点子也许就会蹦出来，不妨将这些点子都试一试，如果不能做出实物，那至少画出来，让自己直观地看一看，当我们对比这些新点子和传统服饰时，我们会清楚地看到二者的差异。此时有两种思路可以帮助我们完成更出色的服饰造型。一种是从上述二者的互补角度出发，充分考虑二者的互补性，进一步促使新的点子出现，将新点子再一次整合后，也许就是一种新的风格，这种新风格兼具传统和创新两方面的特征。另一种是不考虑二者的互补性，而是分别将上述二者的特点在各自的基础上进一步强化，以此促使二者的差异增强，这样二者同时强化特点的根本性差异会进一步增多，使反叛创新样式更具特色。

在创新传统服饰时，不妨采用加法式、减法式、替代式。比如原本衣服只有左右各一个袖子，当我们用加法时，袖子的数量就可能是一边两个或者多个。用减法去掉长袖子的方式似乎早就出现了，那就只能算作传统样式，不妨减去半个袖子，只保留袖山的那部分，这样好像就和传统不那么一致了。如果还想更进一步，则可以将去掉的那部分袖子用其他的东西来代替，如金属链条。接下来需要考虑的是：拴上去的金属链条要不要从胳肢窝下面穿过连接到袖子的另一边？链条的粗细、间隔怎样才合适？类似这样的思维训练不妨多做一点，对于形成逆向思维非常有帮助。

（二）想象

1.想象思维特点

想象思维在心理学上是指在知觉材料的基础上经过新的加工而创造出新形象的心理过程，是大脑通过形象化的概括作用，对脑内已有的记忆表象进行加工、改造或重组的思维活动。想象思维可以说是形象思维的具体化，是人脑借助表象进行加工操作的最主要形式，即对于不在眼前的事物要想出它的具体形象。服装设计要求通过思维活动预先构想出服装的三维效果和动态效果，对静止的服装要能够想象出动态效果。想象思维最常应用于服装设计的构思与搭配中。

2.想象思维训练

经过一定的绘画训练，人的形象思维会得到强化，但想象思维比形象思维更复杂。在服装设计中，除了人体及人体运动规律之外，男女体型的差异同样非常重要。记住人体的特征后，如果闭上眼睛头脑里就能浮现出人体，甚至一些动态，对服装设计是非常有帮助的，因为这有助于想象人体穿着服装之后的形态。

此外，在服装设计中要反复观察服装从平面到穿在人体上的差别，这样的实践训练有助于我们把服装和人体进行结合。对比塑料模特穿着和真人穿着后走动起来的差异可以帮助我们建立服饰造型中静与动的差别意识。

（三）联想

1.联想思维特点

联想思维是人由所感知或所思的事物、概念或现象的刺激而想到其他的与之有关的事物、概念或现象的思维过程。类似事物、概念或现象在不同的时间、空间中出现，由于记忆的作用，人们会自然而然地将它们联系到一起。因此，联想思维可以说是每个人都具有的思维本能。在服饰造型中的联想思维也是一种由此及彼的过程，生活中一些与服装服饰不一定相关的事物都可以与服饰造型联系起来。依据亚里士多德的三个联想定律——"接近律""相似律"与"矛盾律"，可以把联想分为相近、相似和相反三种类型。

2.联想思维训练

将联想思维运用于传统民族服装的创新性设计中时，不要被服装本身所禁锢。如果只是从这个年代的服饰到那个年代的服饰，从这种面料到那种面料，就太局限了。但如果把这作为一种开始，用来启发进一步深入联想，那就是大有裨益的。打破时间和空间的局限，从某一款服饰而联想到与它类似的款式或者风格接近的品牌是比较容易的。只需要做一些服装发展历史或品牌风格的积累，以上的这种相近联想并不会太难。如果在相似事物之间进行启发、模仿和借鉴则是另一种联想——相似联想。艾尔萨·夏帕瑞丽的龙虾女装、抽屉女装，伊夫·圣洛朗的吸烟装、蒙德里安式……这些都是相似联想思维的结果。生活、艺术、异性服装等都在相似联想的范围之内，如果能打破一种固有观念，认识到服装设计不是只有从服装到服装这一种思路，只要所选的方式恰当，生活中任何事物都能与服装设计联系起来，表面上看相差很远的事物联系到服装设计中形成创新的可能性更大。对事物之间的相似性认识越多，对服装设计艺术相似联想越是有帮助，有了这样的认识之后，接下来要处理的问题比第一步容易得多。

还有一种联想叫作相反联想，比如由黑暗联想到光明，由静联想到动，相反联想是想到事物反面，尽管和逆向思维多少有些类似，但作为对近似联想的补充，对于拓宽思维也是非常有意义的。

（四）发散

1.发散思维特点

发散思维是思维呈现的一种扩散特征，由一个出发点衍生出与这个点有关的方方面面，体现出思维视野的广阔性，又称为辐射思维、放射思维、扩散思维。与之相反的思维方式叫作辐合思维。发散思维具有变通性、流畅性、独特性、多感官性等特点。通常，人们需要克服僵化的思维框架，寻求新的方向来思考，并且在尽可能短的时间内生成并表达出尽可能多的思维观念，这也是比较常见的发散思维。通过发散思维，人能做出不同寻常、异于他人的新奇反应，视觉、听觉及其他感官的刺激有助于思维的发散，如果能够加入情感和情绪因素，发散思维能被拓展得更加广泛。

2.发散思维训练

发散思维的训练重点可以是"善于发掘故事"这一方面。每一个进入服装店的人何曾不是一个有故事的人？每一款被买走的服装又何曾不是在演绎着一段新的故事呢？同样的款式在不同的消费者那里演绎着不同的故事。服饰设计本身就是一个艺术家或设计师表达的情感与消费者契合的艺术，在这个艺术中，艺术家或设计师写下了情感故事的前半段，奠定了某个基调，而真实的演绎在每一个消费者身上。由不同的人将这个故事中的情感续写下去。因此，为自己的设计设定一个主角，给予这个角色特定的性格与生活的时代背景，沿着这样的方向编织一个或浪漫或神奇的故事。主角在不同情境不同需求、不同心情的影响下，服饰可能会产生怎样的变化呢？

当时代背景越是远离人类社会的时候，就越有可能挑战思维定式的局限，当然，改编故事也是可以的，但故事的原型容易束缚思维，故事的角色如果没有新的定位角色，服饰自然难以有新的突破。作为一个服装设计师，细腻的情感训练是非常有必要的。如果用端正的态度来面对自己的作品，你必然会觉得自己的作品就好像是自己的"孩子"一样，如果有这样的情感基础再来进行情感化与拟人，那会容易很多。把系列设计中的每一款服饰进行情感化处理，并且拥有不同的性格特点，这样的情感基调会使每一个造型都具有独特之处。当然，不要忘记每个个体都不是独立的，为服饰造型设计做一个完美的故事背景也是必要的。

（五）灵感

1.灵感思维特点

灵感思维是一种高级复杂的创造性思维，不是一种简单逻辑或非逻辑的单向思维运动，而是逻辑性与非逻辑性相统一的理性思维整体过程。其本质是潜意识与显意识之间相互作用、相互贯通的理性思维认识的整体性创造过程。灵感思维是艺术设计创作中最常用的一种思维方式，具有突发性、模糊性、独创性、非自觉性等特征。由于灵感思维不是在显意识领域中遵循常规逻辑而形成的，其产生的程序、规则以及思维的要素不能被清楚地意识到，甚至不知道会在什么时候产生。

因此，灵感思维就像是被蒙上了一层面纱，让人难以捉摸。灵感思维来自每一个独立的个体，彼此无法交流，只有用某种具象的表现形式表达后才能被他人所理解，因此具有独创特征，反过来说，不具有独创性就不能叫灵感思维。但在灵感思维活动过程中，潜意识领域或显意识领域总有思维意象运动的存在，而没有意象的暗示与启迪就没有思维的顿悟。此外，除了与显意识互补，灵感思维还能够与其他意识及思维互补综合，这是非逻辑思维与逻辑思维的互补。

2.灵感思维训练

艺术家常常到不同的地方去写生，去收集不同的素材，去感受不同的风土人情，最终将这些体验全部融入自己的艺术创作中。在服饰设计中也常用这样的手法。到不同的地方去，沙漠、戈壁、艺术之都……尤其是那些不曾去过的地方，都会极大地激发设计灵感。有时，不同的生活方式的体验也是很有必要的，这一种体验方法来得更加真切。在自然环境中，感受自然造物的美，感受稍纵即逝的美，感受时间累积的美；在不同民族风情里，感受文化之美、劳动之美、创造之美；在不同的生活方式中，扮演不同的角色，体验不同的情感需要，用不同的视角审视世界万物与社会文化。以上的种种体验都能对内心旧有的、原始的观念提出质疑，又通过体验整合出新的观念。这是在欲望、好奇、知觉、意识、崇拜、抗拒、压抑等心理活动下，感官和心灵获得的全新体验，能带来对服装设计的新的审视与重建。初次体验时，重建的过程不会特别容易，因为很难从一种体验中提取出可以转化为视觉的设计语言。不妨试试把自己的感受用词语概括出来，并且写下每一个词语产生的来源，这可以帮助自己理清思路，当然，如果能够将感受直接转化为绘画语言那是最好的。不管是插画还是涂鸦，只要是将内心体验转化为视觉绘画作品，都可以通过进一步提纯转化到服装设计中。经过多次不同体验，每次的体验会不自觉地在心理做比较，感受能力会变得更加敏锐。不要轻易地认为自己没有这方面的才能，能感受到不同就要肯定自己，之后要做的就是不停地将心理体验转化为服装语言。

第三章　民族服装的设计实践

本章对民族服装的设计实践内容进行了分析，主要对民族风格服装设计的手工艺、民族风格服装设计的程序进行了分析，让读者可以深入了解民族服装的设计实践的内容。

第一节　服装设计的过程

一、设计理念的确定

建立一个设计理念并不容易，它体现设计师对美的见地，并通过不同的造型形式与功能来加以诠释，这样的诠释在一代又一代的设计中反复被强调。设计理念不是一般的造型方法或思维训练，它对于设计具有指导意义，包括在完成每一个单一设计中解决一些短期的、较小的困难，更包括指导该品牌所有的产品朝着相同的目标迈进，最终实现更远大的长期目标。设计过程中的各种要素，如功能、成本、造型、人机工程、经济等，都通过设计理念的指导而做出不同的选择。比如，"有计划的废止"就是一种设计理念，其是指有意地引导消费者去接受新造型的设计哲学，是美国汽车行业的设计哲学内容的一部分，是建立在市场消费意义上的设计哲学。不同的设计方向对形式和功能的取舍强调不同。有的是二者兼顾，但也有的存在极端。有些时候，在同一个领域的设计也会走向两个极端，在服饰造型艺术中，强调功能的极端案例有宇宙服、潜水服、职业运动服等。而不少的时装秀场尤其是高级时装秀场对美的强调往往大于功能，这是品牌对设计哲学的单纯化体现，同一品牌的服装对功能性的强调会明显得多。以上体现了设计理念的现实指导意义，目的不同，显现出对美和功能的不同偏重。

有时候设计的理念还可以帮助我们反推出一些设计哲学。因此，在民族服装设计中确立设计理念是非常重要的一步。

二、资料的搜集

在确定设计意图之前，一般来说，还需要经历以下几个环节：实地采风或从网络、图书馆收集资料，然后进行调查报告的撰写与排版，根据调研资料构思设计草图，最后考虑面料的选择和细节的处理。如果有时间和兴趣也可以动手做出实物样品，要不断实验，而不要只停留在画设计图阶段。

一般来说资料来源就是网络、图书馆、博物馆、少数民族地区采风等。首先，通过网络查找资料，可以快速获得整体全面的民族服饰印象，包括服饰的结构特征、着装习俗以及男女服饰特点等。网络中有大量充分的图片和文字供设计师参考与选择，经过在各个网站对民族服饰方方面面的描述的了解，就可以对自己感兴趣的服饰的重要特征做一个概括和提炼，可以拿个小本子记录一些关键词，勾勒服饰剪影及工艺细节，以备查阅，在进行设计的时候可一目了然，触发灵感。去图书馆、博物馆查阅也是获取民族服饰资料、找到灵感的基本途径之一。

如果要从整体的视野来调查民族服饰，了解各民族服饰的自然和人文背景，还需要进行细致的实地田野考察，这样不仅能真切直观地感受各民族服饰的款式特征、色彩搭配、材料、工艺、配饰种类、图案以及整体着装姿态，还可以从当地的民风与民俗中发现投射在服饰上的社会习俗、审美情趣以及宗教信仰等。除此之外，这也是一个很好的途径，可以切实参观少数民族制作服饰的一些过程，如锤布、折布、绣花、做银饰等。

三、草图的构思设计

构思是设计的最初阶段，在寻找素材的过程完成后，就可以进行初步的构思了。收集到的资料能让设计师拥有更多的想象空间，从而顺着思维的骨架寻找灵感，最好将自己调整到放松随意的创作状态。

（一）构思

最初的构思同样要进行多方面的考虑，如款式、色彩搭配、面料与辅料搭配、装饰、图案等。在这个阶段，设计依然是不受限制的，设计师需要的就是最大限度地打开思路，传达出自己心中的理想状态。可以从传统审美的角度出发，将设计师感兴趣的传统元素提炼出来，进行现代设计再创造的表达。

切记不要将元素照搬嫁接于设计中，传统面料也好，色彩工艺也好，都只是作为一种元素，意在将经典和传统注入时尚的点点滴滴，然后再与设计定位结合，通过运用新型面料、时尚的细节处理、独特的结构方式或实用性局部设计等完成构思。这个阶段一般用草图表达，只要能清楚地表达出自己的设计构思就行，如图 3-1-1 所示。

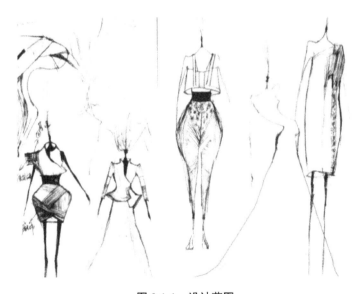

图 3-1-1 设计草图

（二）草图设计

找到灵感并有最初的构思后，就可以开展草图设计了，构思过程一般用草图的形式快速记录下来。当灵感来源给你第一感觉时，无论是色彩还是形态，都不能忽略它，要善于抓住这个因素，并用自己独特的服装语言将其表现出来，也许你就能找到体现自己风格的设计作品。创作阶段的核心是思维结构，思维的封闭会使一个设计者停滞不前，所以要多观察、多分析，这样才能得到多方面的启发。

在画草图前，最好首先确定主题。在绘制草图时，所感觉的东西不能完全被具象化，要为下一步绘制完整的效果图保留一些发挥和想象的空间。如某个学生的草图，虽然只是对最初的设计进行了简单的记录，单从外轮廓看，该学生已经将思维进行了扩展，脱离了束缚，用立体造型的手法作为设计的重点，上下呼应，体现了自己独特的风格（图 3-1-2）。

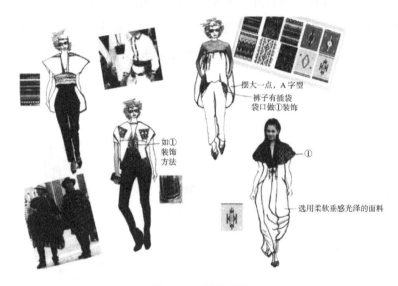

图 3-1-2　设计草图

四、设计稿的完成

完整的设计稿是一个设计的最终演绎，它应该包括服装的设计效果图、款式图、面料小样、色彩的搭配、细节的描述、装饰的表达以及设计说明等几个方面的内容。

（一）服装设计效果图

服装设计效果图展现的是服装设计的着装效果，是继构思草图后的进一步修改和完善，服装设计效果图应该表现出服装的样式、结构、面料质地、色彩，除此之外，还应该表现出不拘一格的穿着个性，并从用色、用笔和勾勒方式上体现设计者的个人风格。好的服装设计效果图能呈现出生动的艺术感。

服装设计效果图的表现方法较多，如线描法、铅笔淡彩法、水性笔淡彩法、渲染、速写法、剪影法、平涂、拼贴、计算机辅助、马克笔表现等，根据自己所选择的材料，采用不同的技法完成。采用计算机辅助绘制的服装设计效果图，其特点是线条粗细均匀、色块平整（图 3-1-3）。

图 3-1-3　采用计算机辅助绘制的服装设计效果图

（二）服装款式图

服装款式图不需要像设计效果图那样追求强烈的艺术效果，相对于服装设计效果图的艺术夸张性，服装款式图更加规范地展现了服装结构，从而成为服装制板的依据，让制板师清楚地了解服装制作工艺，方便制板、排料、裁料各个步骤的顺利进行。款式图应重点表现服装的款式结构，一般要求明确表达服装的廓型、内部构造、部件之间的连接形式、制作工艺、细节零部件等，还要表现出裁片缝合的方法、开口的处理形式、部件的连接方式、各层材料之间的组合等（图3-1-4）。服装款式图不需要上色，但线条应干净利落，描绘工整直白，对于一些特殊的结构或工艺可以用文字加以补充说明。

图 3-1-4　服装款式图

（三）面料小样与色彩的搭配

面料和色彩是服装设计的两大要素。其中服装材料是服装设计的载体，在构思阶段，针对相应的灵感来源，可以考虑相应的面料设计，然后随意变换色彩，最终产生丰富的视觉效果。选择材料既要考虑材料的透气性、保暖性、伸缩性等性能，也要考虑面料的色彩、图案以及厚重、飘逸、华丽、朴素、悬垂、挺拔等因素，因为这些均与服装的实用性和艺术性有密切的关系。

在选择面料之前，要对服装材料的性能与作用有一定的认识，服装材料除选择已有的材料外，面料再造也是一个思路，重视材质本身的设计或面料再造可以获得创意的更大空间。近几年来，面料再造在服装设计中占的比重越来越大，具有高级时装感的珠绣、绘、补、拼、嵌、立体造型等面料再造方法皆是充分利用面料的特点来营造服装最终的效果。

　　服装的色彩设计最好符合美学原理，在色彩上达到有序、统一、和谐的具有美感的视觉色彩。当然完全统一稳定的色彩会给人沉闷的感觉，适当运用色相对比、明暗对比、冷暖对比、补色对比、面积对比、虚实对比可获得风格迥异的美感。在设计稿中还应粘贴面料小样，如果是单色面料，可以用色块来表达面料的色彩，一般把面料色样放在着装人物画的旁边（图 3-1-5）。

图 3-1-5　面料小样与色彩示意图

（四）细节的描述

　　服装细节设计的精巧变换是整件服装的点睛之处，因此细节处理也尤为重要。服装的细节有可能是图案，也有可能是某个特殊做法的结构，或添加的饰物等。但是细节设计一定要服从整体设计构想，在整体造型风格中实现统一，如果喧宾夺主，就很容易造成画蛇添足的结果。对细节的描述，一般用图来表示，若需要补充文字说明。在效果图的着装人物画旁单独画出服装的细节，一个细节用一个小图表示，这样有利于设计表达，比如《罗布衣裙》（刘银银的作品）这幅设计稿，如图 3-1-6 所示。

图 3-1-6 《罗布衣裙》设计稿

（五）装饰的表达

装饰在服装上的运用，要求设计者懂得各种装饰语言，更需要设计者积极地尝试和探索新的装饰内容和新的装饰形式。装饰方法较多，如手绘、印花、贴、绣、补、盘、钉、染、镂空、抽纱、打揽、抓褶、打结等，用不同材料的重新整合来营造服装表面效果，还可以利用不同的针法来变换立体图案，利用绞花、空花、盘花等方式构成立体装饰，达到眼前一亮的艺术效果。

（六）设计说明

设计说明是将设计理念进行梳理后表达出来的文字。一些特殊的结构语言、面料、零部件等也可以在设计说明里用文字加以补充说明。根据不同类型、不同要求，服装设计有其相关的内容，如年龄定位、使用场合定位、穿着时间定位、设计理念、品牌理念、设计风格、运用材料色彩描述等，通过设计说明传达出该服装的设计理念、适用对象等必要的信息。

五、设计作品分析

（一）夏姿陈作品

夏姿陈（SHIATZY CHEN），一个带有东方民族设计元素的世界精品时尚品牌。夏姿陈服饰于 1978 年成立，专事于设计与生产高级女装，至今已成为拥有高级女装、高级男装、高级配件以及高级家饰品的综合品牌。

设计师王陈彩霞生于 1951 年，中国台湾省彰化县人。夏姿陈服饰是由她和王元宏携手创立的，成为中国台湾时尚产业的传奇与代表，其服装作品主要采用丝绸、麻、毛、棉等天然面料，其中丝绸经常出现于其作品中。服装的板型独特，解构工艺制作考究；设计元素多运用刺绣、手绘、钉珠等工艺手法。每一季的产品除了附和国际潮流，注入当代时尚美学之外，同时融入了中国文化之理念，使其作品风格含蓄优雅、精致灵透，有很强的艺术性和商业价值，这也成为夏姿陈的经典风格——将中国传统民族服饰中的写意风格及西方写实风格完美地结合在一起（图 3-1-7）。

图 3-1-7　夏姿陈的作品

（二）郭培作品

"设计是一种态度。""我从来没有把自己当作一个商人，一个优秀的设计师在艺术创作中是不能有任何杂念的。"

郭培，中国最早的高级定制服装设计师。刺绣是玫瑰坊在传统工艺的继承与发展中的一大亮点，其服装设计作品强调色彩的配色、拼色、过渡、分割与组合，运用不同的材料，通过不同的针法和色彩的不同组合搭配，使服装作品产生丰富的色彩和凹凸感（图 3-1-8）。

图 3-1-8 郭培作品

第二节　民族风格服装设计的工艺

一、制作工艺的重要性

服装的创作是人类在不同的历史时期、一定的生存环境中，为了适应自然、社会、自身需求以及审美意识而进行的一项较为复杂的构思、表现和完成的过程。通过不同的服饰形制、材料和工艺来表达其寓意性和审美需求，其中任何一个环节都与其他的环节有着紧密的联系。

服装制作是服装构成的一个十分重要的因素，服装材料不经过制作便不能成为服装，也不能形成服装的款式，没有经过巧智的构思绘制出服装款式图，服装的造型和效果无法得到具体的体现。只有服装款式图，而不经过制作，既无法验证所设计的服装造型、色彩风格是否和谐协调，规格、结构是否合体，也不能形成真实的服装款式。也就是说，服装制作是验证和实现服装款式设计意图的手段，而且在服装制作中，修改服装款式设计的情况也是常有的事。可见，制作能使服装设计意图的实现，能使服装设计得到补充和修正，能使服装最终成型，并投入生产。因此没有制作，也同样就没有服装。

服装创作中的工艺手段非常丰富。民族传统的面料制作工艺主要有纺纱、织布、染布、刺绣，从对纱线原料的发现、从植物中发现染料，到发明织布机进行纺纱织布，再到面料色彩、肌理的处理，如扎染、蜡染、印染、做旧、百纳布工艺等，面料图案纹样的处理，如刺绣、镶花等，面料构成的处理，如织锦、编织、编结等，同时也包括饰品的制作，如头饰、项饰、耳饰、背饰等，形成了一个服饰手工制作的原生态循环系统。

二、工艺的了解与利用

（一）民族服装传统手工艺

民族服装传统手工艺，指服装材料制作技术、服装制作工艺和服装装饰工艺，包括服装制作工艺、服装定型工艺、百纳布工艺、扎染、蜡染、印染、刺绣、补花、织锦、编结等。民族传统服装以平面结构为主，轮廓比较简单且各自有固定的样式，所以人们把心思花在了服装的装饰上。在少数民族服装中，服装的领口、袖口、前胸、双肩、下摆等处是整件衣服中最为出彩的部位，这些部位往往被施以精细的刺绣、挑花、串珠、镶条、滚边等工艺制作的图案，甚至一件服装的制作周期最长可达数年，由此催生发展出极尽精巧的传统手工艺。在这些传统工艺中，刺绣是最常见的。刺绣的技法很多，即平绣、挑花、堆绣、锁绣、贴布绣、打籽绣、破线绣、钉线绣、辫绣、缠绣、马尾绣、锡绣、蚕丝绣等。这些技法中又分若干的针法，如锁绣有双针锁绣和单针锁绣，破线绣有破粗线绣和破细线绣等。传统的手工艺是民族服装中最为精彩华美的部分之一，彰显了民族服装风貌的特点。下面选取几种工艺来进行介绍。

1.点翠

点翠制成的饰物，虽无宝石之炫亮华丽，但它有浑然天成的艳丽拙朴之美，体现东方饰品注重细节，讲究工艺的精细和含蓄之美，如图 3-2-1 所示。

图 3-2-1　点翠

花丝镶嵌，采金为丝，妙手编结，嵌玉缀翠，是为一绝，如图 3-2-2 所示。

图 3-2-2 吉光凤羽

2.印染

印染工艺具有朴素大方的特点。民族服装印染工艺简便、精巧，可以在手工生产方式的条件下，将白坯布加工成朴素大方、牢固耐用的画布。民间印染工艺种类有很多，在民族服饰上运用较多的工艺有蜡染、扎染、印花布等。每种工艺都有其独特的处理方式，也形成其独特的装饰风格。如蜡染是以蜡作防染原料，用天然蓝草加石灰作染料，经过点蜡（图 3-2-3）、染色、脱蜡的工艺流程，即用蜡在布上画出图案，待蜡凝固之后将布放入染缸中染色、固色、漂洗，之后再放入沸水中将蜡煮化，待布晾干后，被蜡封住的地方就会形成图案，呈现出蓝白分明的花纹。由于蜡染工艺在操作过程中容易产生裂纹，染液会顺着裂纹渗入织物纤维，形成自然的冰裂纹，这是人工难以描绘的自然龟裂痕迹，称为冰纹，每一块染出的图案即使相同，但是冰纹各异，自然天趣，具有其他印染方法所不能替代的肌理效果。我国南方部分少数民族喜爱蜡染，苗族蜡染非常细腻、饱满，图案精致绝伦，堪称民族艺术精品（图 3-2-4）。

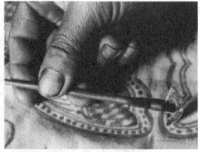

图 3-2-3　采用蜡刀（铜片合成斧形）点绘

图 3-2-4　苗族姑娘身着工艺精湛的蜡染裙

蜡染也属于防染手法的一种形式，例如，贵州麻江绕家枫脂染，是以枫树脂为主要防染材料，在布上画图案（图 3-2-5），然后将头巾放进染料浸泡一定时间后，取出头巾，然后固色、漂洗、放入沸水中将枫树脂煮化，布晾干即可。

图 3-2-5　用枫树脂在布上画图案

再谈扎染工艺，指的是用一定工艺，按照所需要的图案结构用线把布捆绑起来，放入配置好的染料中进行染色，再经过固色、漂洗、晾干等处理过程，最后将捆绑线解开，被捆绑包裹的地方因未接触到染料而未染上色，形成所需要的图案。

扎染原理很简单，但要染出好的效果，经验和技巧很重要，简单地说是用针线捆扎紧后，再投入染缸浸染（图3-2-6），重点还是扎的方法，扎染方法千变万化，扎法各有讲究，这是扎染服饰呈现出颜色深浅、图案生动的主要原因。传统的扎染染料一般是纯天然的植物染料或矿物染料，其植物染料取材于山川大地，由于受到季节、时间、气候、地域各种因素的影响，萃取出的染液呈现出不同的色泽，没有完全相同的。植物染料和矿物染料的制作过程不同，如植物靛蓝染料制作过程主要包括沤制蓝草、制作染料、制作染液三个步骤。

我国南方许多少数民族喜好扎染，如白族、苗族、布依族等，特别是白族，大理白族的扎染几乎代表了我国现在的扎染艺术和技术水平，扎染图案讲究构图和布局，和其他民族相比，白族扎染最为精致、生动（图3-2-7）。

图 3-2-6　用针线捆扎紧

图 3-2-7　白族扎染纹样

再来看看印花布，印花布分为蓝印花布和彩印花布，二者有异曲同工之处，都是用雕花版做防染媒介。这项工艺的精髓在于事先要在木版或皮版（图 3-2-8）上刻出预先设计好的图案，雕刻图案和印图案都要求人们具备熟练的工艺，图案注重形式美感和寓意。蓝印花布清新明快、淳朴素雅，具有独特的民族风格和乡土气息；彩印花布色调鲜艳明亮，装饰味浓厚（图 3-2-9）。

图 3-2-8　印花版　　　　　　　图 3-2-9　蓝印花布

3.刺绣

刺绣指用针穿上彩色线、绒，在绸、缎、布帛等物质材料上借助针的运行穿刺，即在布上上下穿梭，绣出各种图案，从而构成纹样的一种工艺。刺绣在民族服饰中是主要的装饰手法，在我国已有着悠久的历史。在出土文物中发现，从战国到秦汉时期的刺绣已经相当丰富，清代发展到鼎盛时期，如今的民族刺绣品种繁多，针法丰富，分布广泛，刺绣的技艺也更加完美。刺绣艺术在少数民族服饰中应用十分广泛。我国传统刺绣主要包括湘绣、蜀绣、苏绣、粤绣等。在许多少数民族地区，刺绣是最为常见的一种服饰装饰工艺，刺绣方法非常多，包括锁绣、打籽绣、布贴绣、皱绣、马尾绣、锡片绣、肩带绣、梗边绣、锁丝绣、堆绣、缠绣、套圈绣、龙簸绣、挽针绣、辫绣、打套绣等。苗族的堆绣，如图 3-2-10 所示。许多女子花费多年时间一针一线地刺绣，只为了制作出一套精美的盛装服饰作为嫁衣。

图 3-2-10　苗族堆绣

在我国少数民族中，苗族、彝族、侗族、瑶族等民族服饰刺绣图案密集丰富，工艺手法精湛，视觉冲击力较强。其中，苗族刺绣传统针法最为全面，并善于创造新的针法，可以用传统的平绣针法创造出极为细腻精致的图案；还可以将平绣发展成破线绣，即在绣面上绣一针破一针，具体来讲就是把一根丝线从中间破开，这样绣出的图案更为精湛细腻，平整光洁发亮，令人惊叹不已；苗族还擅长用籀绣、辫绣等针法创造出有浮雕感的、粗犷厚重的装饰效果，绪绣、辫绣的工艺注重将绣线在绣面上处理得有一定厚度，因此这些刺绣工艺立体感和肌理感很强，既经久耐用，又有一种特殊的质地美，充满强烈的个性特色，如图 3-2-11 所示。平绣是各种绣法的基础，在民族服饰中分布最广、使用范围最大，因此在服饰上大量出现。

图 3-2-11　苗绣呈现微微的浮雕状

羌族的服饰装饰几乎离不开刺绣，刺绣工艺以平绣为主，部分裙边、腰带部分结合锁绣和十字绣，显得图案结构紧密、主体突出，色彩厚重丰富。彝族也是热爱刺绣的民族，云南的彝族姑娘爱美，每年举办赛衣节，其服饰之所以绚丽夺目、光彩照人，离不开丰富的刺绣装饰。总之，瑰丽多彩的刺绣给民族服饰增添了无穷的魅力。

4.编织

民族服饰上的编织包括"编"和"织"，编有"编结"，包括编盘扣和编花结；织有"织花"，包括织锦和织花带。这些都特指我国民族服饰品制作的织造工艺，通常采用自制的棉线、丝线进行手工编织。

编结指用线、绳等进行编结，它与编织的不同是打结，因编结的手法不同而形成不同的图案。编结主要包括如腰带、头饰或服装中大一点的装饰物，主要用手编结。而小一点的坠饰一般要借助于手针编结，如服饰边缘、帽顶、耳饰的边缘悬垂物等。侗族妇女腰带、飘带边缘的流苏就是用编结方法制作而成的。

此外，编结也专指两项传统手工艺：盘扣和花结，二者都是传统民族服饰中常用的装饰工艺，并以精巧而意味深长的装饰风格而享誉中外。盘扣常用在民族服装的衣领、门襟、衣袖处，常用的材料有绸缎、棉绳、毛料等。盘扣的工艺程序并不复杂，但是讲究工艺的精致、排列组合和创意。盘扣的表现形式多种多样，有蝴蝶扣、鱼尾扣、菊花扣、蜻蜓扣、一字扣，每种类型不仅形态优美，还注重寓意表达。盘扣在服饰上大多按一定方向、一定距离成对排列，美观大方，富于节奏感，装饰效果强，具有典型的中国特色（图 3-2-12）。

图 3-2-12　盘扣

花结是将有一定粗细的绳带，结成结，用于衣物的装饰。花结在我国已有悠久的历史，传统服饰中的腰饰、佩饰都离不开结。结体现了中国传统装饰工艺的智慧和技巧，其花样变化可以说是无穷无尽的。花结常用的材料有丝绳、棉绳、尼龙绳等，有剪刀、镊子、珠针等辅助工具，如图 3-2-13 所示。掌握花结的技艺的过程是熟能生巧的过程，因为花结的形式变化多样，有的看似相当复杂，但只要掌握其基本的编结规律，就能举一反三，但民族服饰的花结之美依然离不开人们无穷的创造力和想象力。

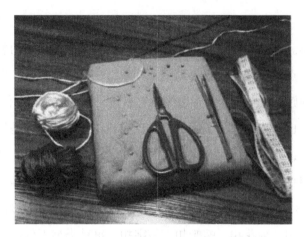

图 3-2-13　编花结常用的材料和工具

织花带可以说是遍及我国诸多少数民族的一项传统手工艺，这项工艺只需要在一个凳子大小的编织机上完成（图 3-2-14），织出的花带用于腰带、背裙带、绑腿、背儿带等，长的可达几米。少数民族的织花带很精美，纹样在细细窄窄的空间安排有序，并注重主要纹样和次要纹样的安排，搭配在服装上，丰富了服装的整体效果。

图 3-2-14　民间编织机

织花，又称织锦，织锦与刺绣都是传统民族服饰创作中最为经典的手工工艺。织锦主要依靠经纬线在织机上的穿插变化、色彩的变换形成不同图案。传统织锦的门幅有很多规格，30—90厘米不等，门幅宽的常用于衣裙、腰带、围裙、背扇、被子等，门幅窄的常用于挂包、绑腿、头帕等。此外，还有一种很窄的，仅几厘米宽，叫织带，常用于包背带、围腰带、腰带等（图3-2-15）。

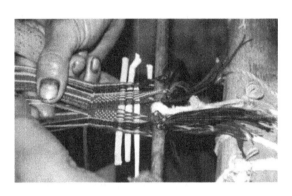

图 3-2-15　织带

5.镶贴

镶贴指用不同颜色的布料，根据一定的图案进行拼贴，再在图案边缘用锁绣或其他绣法将图案固定在底布上。在许多少数民族传统服饰中，镶贴工艺使用比较普遍，如小黄侗族肇兴、水口地区的儿童贴绣口水围肚兜。

6.百褶工艺

在少数民族服饰创作中，百褶工艺是将自制的织布、毡子等面料作百褶处理的一种工艺。其过程是手工将面料缝制、收缩、折叠成褶，然后通过捆绑、压制成型，形成百褶。如彝族的察尔瓦，苗、侗、彝族等女子的褶裙等都使用这种工艺制作出来。

7.百纳布工艺

百纳布工艺亦称镶布工艺，是民族服饰制作中常见的一种工艺，即将各色面料按一定的图案拼接成一块整体，并在面料的背面缝制一块底布，以避免拼接的边缘缝头滑落，因此百纳布是由双层面料做出来的，比较结实，一般用于制作儿童的被褥、围腰、背带（背扇）等。

由于百纳布是多色布块的拼接，所以它的色彩多样鲜活，百纳布也具有吉祥的寓意，寓意着儿童穿着百家衣能够健康成长。如苗族、侗族百纳布儿童背扇。

8.纺织

纺织技术的发展也使服饰材料的创作得到大大地提高，人们发明了捻、绩、纺等纺织技术，用手工或者织布机通过经纬线的交替穿插起伏织成布料。随着技术的进一步发展，人们对动物的皮毛进行进一步加工，如采用硝制等办法，将毛皮制成符合缝制服饰的面料。

9.银饰制作工艺

银饰制作是一种特殊的手工艺。传统的银饰作坊有各种工具：风箱、铜锅、锤子、凿子、锥子、拉丝堪、圆形钻、方形钻、松香板、拉丝眼板、花纹模型等。银饰的制作工艺较为复杂：先将银置入"银窝"里，并放在木炭炉子上，使其在高温下熔化成银水，然后将它倒入条状的槽子里待用，等"银窝"里的银子凝固后取出来，趁热摊平，锤打成大张薄片，然后剪成小片，放入花纹模型内压制成型，再贴在松香板上雕凿花纹，大块银花板是用阴模压制的。若要做银丝，则将银锤成圆形，用拉丝眼板拉成细丝，拉出的丝有粗有细，可以用来盘花、做耳饰等。如贵州黔东南苗族的银帽、银项圈、银片以及银首饰都是手工做的。

（二）传统工艺再运用

丰富的民族传统工艺技巧，对设计师来说是一个巨大的宝库。传统工艺技巧的时尚转化，主要是运用传统技艺设计并制作出有特色的材料和图案，将其运用于不同类型的服装中，这里讲的内容以材料的运用为主。用传统技艺制作出来的服装材料蕴含朴实、原初、手工感之美，在众多风格的服装面料中脱颖而出，成为独特的样式。

在利用这种面料设计服装时，要将面料与服装的风格、种类、舒适度结合起来考虑，才能体现出传统工艺的美。例如扎染、蜡染、手工印染、蓝印花布、手工织布、拼布的原材料以纯棉、棉麻混纺、丝绸为主，这类天然纤维面料适合春夏日常装，以自然、绿色为设计理念，以简洁轻松、生活实用为设计定位。如图

3-2-16、图 3-2-17 所示，其为运用拼布面料设计的秋衣，将拼布的美于简洁的服装结构中凸显出来。如图 3-2-18 所示，其为采用扎染面料设计的夏裙和礼服。

图 3-2-16　拼布的运用　　　　图 3-2-17　传统工艺手法的运用

图 3-2-18　扎染工艺的运用

第四章　国潮趋势的展望

"国潮"的出现反映了中国文化影响力的增强，而民族服装是"国潮"的一个重要体现。本章对国潮趋势进行展望，分析了民族服装设计对国潮趋势的引领，以及国潮趋势下中国民族服装品牌的建设。

第一节　民族服装设计对于国潮趋势的引领

一、"国潮"

龙腾祥云、华夏霓裳、庭院深深……随着"中国制造"崛起，一切带有民俗和历史印记的东西开始流行，国潮像一道光刺破苍穹，席卷而来！

"国潮"以品牌为载体，既满足了年轻消费者对时尚的追求，也体现了传统文化的自然回归。"国潮"已然成为时尚界的热词。所谓"国潮"，顾名思义，是指国内本土的潮流品牌、潮流趋势。"国潮"是指近年来潮牌文化通过与中国文化、传统的碰撞与结合，衍生出的具有中国文化特色的时尚风潮与品牌格调。近年来，国内服装潮流品牌开始凭借"国潮"的文化风尚多次登上国际级舞台，向世界展示中国潮牌文化的魅力。

在2018年的巴黎时装周上，借国潮东风涅槃重生不断推出爆款产品的李宁，从极具中国式复古风格的体操服和一系列带有明显汉文化元素的服装走秀开始，大显"国潮"的时尚魅力。"国潮"之所以流行，并受到许多年轻消费者的追捧，主要源于传统文化的回归。经济的发展促使了国人民族自豪感的觉醒，使其更加重视对传统文化的学习和弘扬。中国文化正在不断地渗透于点滴生活中，不断影响着世界。

定义"国潮"需从两方面因素进行考量。首先，最为重要也是核心的是其是否有传统文化的基因；其次，是其是否能将传统文化与时下潮流相融合而更具时尚感。从社会现象上看，由于中国传统文化越来越受关注，中国的诗词歌赋、经典名著、国粹戏曲，纷纷成为时下热词。《中国成语大会》《中国诗词大会》《国家宝藏》《上新了•故宫》《朗读者》等唤醒文化类综艺节目，成为时下电视综艺的热门，同时也对传统文化进行了很好的推广。传统的综艺节目也增加了更多关于中国文字、诗词等方面的游戏环节，如《快乐大本营》中的"我脑厉害啦"。当下许多传唱率很高的流行歌曲、抖音热曲，也都与中国传统文化相关，如《生僻字》等。从产品市场上看，借助文化而实现产品的创新成为潮流趋势。故宫文创之所以受当下年轻人的追捧，正说明从年轻人的认识到审美，都在发生变化，带有"中国文化"元素的时尚产品日渐成为新生代消费者彰显自我个性风格的标志。近几年来，中国风成为主流，高堂阔院、小桥流水、飞檐斗拱、四水归堂……越来越多地被运用到规划和创意中。

尤其是新中式，更是占据了大部分市场。新中式既保持了中华传统的精髓，又有效融合了现代设计因素，增强了风格图案的识别性和功能性。而传统元素与现代元素的融合，也为国内外喜爱中国传统文化的人群提供了基础和条件。文化和潮流的走出国门，走向世界，也吸引越来越多的外国人喜欢中国，喜欢中国文化。带着一种自豪感，真心希望"国潮"兴起不只是一时，而是永远流行下去！当前，国潮备受追捧，几乎每个品牌都在迫不及待地加入其中。但是近几年大部分的品牌在奔赴国潮的路上，仍然存在低端、抄袭、没新意、不走心等问题，这种现象一直受到大家诟病。

毋庸置疑，追求个性化时尚的年轻人群体是国际潮流品牌的追捧者、消费者，有别于奢侈品牌以及标准化的大众品牌，起源于美国街头文化的潮牌（streetwear）文化，作为亚文化的一种象征，是年轻人群个性化身份认同的符号与标志。20世纪之初的潮牌文化宣扬的是设计师或潮牌主理人的个性与个人主张，标榜的是"我"的小众的"另类"。滥觞于西方文化的潮牌进入中国十几年后，近年来开始渐渐被泱泱中华文化浸染，并逐渐形成具有中国特色的"国潮"。

"国潮"一词对于中国 90 后、00 后的年轻人来说一定不陌生，广义上的"国潮"包括了基于中国传统文化而衍生设计的文创、服饰、家居用品，包括中国戏曲、中国"非遗"结合新时代创新出的新型表现方式。"国潮"有别于潮牌的个人意识宣扬，是设计师在中国优秀文化与时代记忆基础上的独特文化视角的呈现，同时也是中华文化"兼容并蓄"的体现。

2017 年，国务院批准将每年的 5 月 10 日设为"中国品牌日"，2019 年 5 月 10—12 日，"中国品牌日"活动期间，人民日报新媒体中心举办了一场快闪店活动，在三里屯开了间"有间国潮馆"（图 4-1-1），再一次将中国"国潮"向大家展现得淋漓尽致、绘声绘色。所有展品、演出等艺术表现形式都根植传统文化，但又具有新时代的"潮味"；极具传统文化底蕴，又不乏现代艺术的表现手段，深得线上线下网友、观众好评。不论是"国潮馆"里的中国书法、国画、国产动漫、皮影、潮流服饰，还是"国潮之夜"活动上展现的民乐、汉服，无不向国人展示了"中国造，正当潮"的主题，也体现了"国潮"文化在时下的认可度之高。

图 4-1-1　有间国潮馆

二、民族服饰引领"国潮"

服装业是时尚文化的主要载体之一,据第一财经商业数据中心(CBNData)和淘宝旗下时尚平台 iFashion 联合发布的《2017 网络时尚消费趋势报告》显示,2016 年全球时尚消费总额达 2.4 万亿美元,与全球第七大 GDP 经济体量相当,男性"潮"时尚明显。同样,中国服装潮牌是"国潮"文化的重要表现形式之一,近几年李宁、太平鸟、安踏、回力等老牌国产服装纷纷转型,转变传统的设计思路及营销手段,将消费群体定位移至 15—28 岁的新生代人群,招纳年轻的设计师队伍,紧跟国际时尚流行趋势,以最敏锐的速度进行设计与生产销售,努力跟上国际潮牌的发展。这些"国潮"的兴起也体现了我国服装产业的与时俱进,也体现了我国服装设计的崛起。

(一)中国服装的一些尝试

2011 年 9 月 27 日,由中国服装协会、中国国际贸易促进委员会纺织行业分会和中国国际贸易中心股份有限公司,在北京全国农业展览馆合力打造了时尚潮流活动——CHIC-YOUNG BLOOD(简称"CYB")。"CYB"旨在为本土市场上的年轻时尚潮流品牌和设计师品牌搭建起全新的推广、交流,通过资本、商贸对接,达成合作等多种可能性的平台。

如今,中国传统文化作为一股影响全球的强劲的思想力量正在对世界产生越来越大的影响。国际时尚界不断掀起"中国风"。中国服装文化产业界的有识之士尽自己的最大努力,将中华民族文化自觉与全球化文化背景下的文化转型相结合,创造出了纷呈于国人面前的、具有中华民族文化底蕴的原创服装品牌。但是,由于受到"中华传统文化属于愚昧、迷信、落后、封建的文化形态"的思维惯性的影响,在大多数人眼里,西方服饰仍旧代表着"先进、文明以及超前潮流意识",这一强大的思维定式阻碍了服装消费者的民族文化自信与自觉的觉醒。进入到 21世纪初的头 10 年里,崇尚西方品牌的势头仍然有增无减,中国许多男士也纷纷加入到追逐"英伦风潮""后现代风格印花""修身休闲装"的队伍中,在一轮一轮的西方时尚潮流中展示品牌为之提供的身份。

当今，环顾国际品牌蜂拥而入的国内顶级服装市场，各国知名品牌比比皆是；高、中级市场柜台上古典与新潮拼盘，西洋与东方嫁接；"傍洋牌"的"娜""伦"等等充斥于各级城市的各个高端市场，甚至向二级城市的中端市场延伸；女士们的衣着狂追西方大牌的流行时尚，将西方品牌视为"个性、时尚、高档、奢华"的代名词……对奢侈品的消费，欧美在 20 世纪中期就开始了，然而 2008 年全球金融危机，欧美奢侈品消费下降了 10% 左右，中国、俄罗斯、巴西和印度却逆市上升了超过 10%。这一现象在中国尤为突出，中国成为其中的主角。2010 年，中国内地奢侈品市场消费总额占全球份额的 25%，2012 年已成为世界上最大的奢侈品消费国，市场的繁荣景象前所未有，并且还在不断飞速发展。而在设计品质等方面，与国外品牌无异的相关中国原创服装品牌，在市场效应上却没有达到与国外品牌比肩的地位，更无应有的国际"时尚话语权"。相反，国际品牌的运作者则兴奋地接受中国市场以无处不在的热情为他们的品牌进驻中国鸣锣开道，感受中国消费者追逐名牌的热情，为他们创造了如搭乘火箭般飞升的市场效益，他们以道不尽的喜悦在中国时尚市场上沐浴着品牌利润如旭日东升的光辉。

在北京开幕的"2005 中国国际时装周"上，由中国服装设计师协会、天津应大（中国台湾）投资集团有限公司联合主办的"'应大中华衣王'揭幕新闻发布会"隆重举行。此次新闻发布会以"民族化"的审美观及"国际化"的品牌观，洞察国际皮革时装的流行趋势。在发布会上，应大投资集团有限公司展示了由其独立设计制作、造价超百万的"中华衣王"（图 4-1-2）。

图 4-1-2 "中华衣王"

"中华衣王"首席设计师、中国服装设计师协会理事、时装艺术委员会主任委员、中国时装设计"金顶奖"获得者武学伟说："中华衣的设计灵感来源是中华民族古老的图腾——龙与凤，鳞状皮子和柔美羽毛的独特搭配，柔美跃动，曲线流畅，动静之间刚柔兼济，将龙的高贵、霸气与凤的华美、灵秀演绎得淋漓尽致，展现出独具东方风情的神秘与性感，体现了东方"天人合一"的精神，用西方的塑形手段达到东西方美学相融相合的意境……"中华衣王"的设计就是这一想象与创造的完美体现，武学伟通过阐释"中华衣王"的内在灵魂，构建了品牌文化的永恒魅力。

武学伟在民族文化与时尚创意上一以贯之的卓越才能与设计理念的前瞻远见，使他从 1991 年开始先后获得第二届大连服装节销售优胜奖、1993 年"兄弟杯"国际青年服装设计大赛优秀奖、1995 年"中国青年服装设计大赛铜奖"以及 1995 年"兄弟杯中国国际青年服装设计作品大奖赛金奖"，其作品被收藏于服装服饰博物馆。1997 年获得第六届全国"金剪奖"大赛银奖，同年不仅举办了"亚麻服装个人时装作品发布会"，还获得了第二届"中国十佳时装设计师"提名与"首届中国服装设计博览会'金榜'设计师"称号。1998 年获 1997 年度第三届"中国十佳时装设计师"称号；1999 年荣获中国时装设计"金顶奖"……2007 年由服装业界人士投票评选为中国顶级服装设计名师——"中国国际时装周十大设计名师"。

武学伟担任天津应大（中国台湾）皮革时装有限公司首席设计师的十几年中，他始终以丰厚的中华民族文化素养，对时尚文化以前瞻性的目光从容、沉静地进行一次次"中国的·国际的"时尚皮草创意研发，为消费者带来一次又一次的感动，被服装界称为流行的"革命者"。在武学伟创意设计的推动下，"应大"与中国服装设计师协会联合主办了多届"应大杯"（图 4-1-3），吸引全国从事皮革服装设计行业的优秀人才参加大赛，使"民族文化·时尚创新"皮草装在年复一年的"应大杯设计大赛"中国国际时装周女装发布会 T 台上散发出别样的魅力，推动了皮草类品牌的大力发展，使应大投资集团有限公司锻造出了"应大女装""应大男装""应大裘皮"和"CEREL 高级女装"等四大成衣品牌为主的品牌集群，其优雅、简约、时尚、环保的品牌荣获"中国广告主长城奖——2011 年度消费者信赖的知名品牌"和"2011年度销售领先品牌"称号。武学伟在以多元民族文化为背景的中国时尚皮草原创服装品牌建设中，智慧地注入了具有市场活力的品牌灵魂。

图 4-1-3 "应大杯"新闻发布会

近年来，中国自主原创的服饰品牌越来越重视民族文化的深度开发，不断在已有成就的基础上，以各种方式从纵深方向对民族文化与时尚创意进行挖掘。

"例外""杉杉""太平鸟""汉帛"等品牌不仅不断从传统文化中汲取创意灵感，对本品牌产品进行创意设计，还选择历史文化底蕴相当深厚的宁波地区，获得联合国教科文组织亚太地区遗产保护奖的慈城古建筑群区域，以及天一阁、宁海前童古镇、野州走马塘、镇海郑氏十七房、象山石浦古镇、江北老外滩、海曙区月湖盛园（郁家巷）等区域，举办不同规模的时装秀，借以彰显品牌的文化内涵。1999年杉杉集团总设计师王新元设计、策划、主导的大型时尚情景服装秀"天·夜宴"在中国也是亚洲最古老的图书馆浙江省宁波市的天一阁（建于1561年）上演，这场让人记忆犹新的视觉盛宴，首创时尚与深厚历史场景结合的发布方式，将现代的时尚语言汇入古老的历史中，让人感觉犹如穿梭于不同的时空中。这场视觉盛宴也首次代表中国服装界在法国时尚频道FTV向全球转播，引起了欧洲服装业同行的高度关注。王新元在杉杉集团的举措展现了他在中国自主品牌的经营谋略之道的智慧和才华。王新元甚至从人员聘任、面料选择、产品设计，到专卖店开张、促销，乃至画册的拍摄、形象代言人的选定等进行事无巨细的品牌发展的全局把握。而其最核心的工作则是孜孜追求多元民族文化在中国原创服装品牌建设中的深度开发设计。王新元的"天一夜宴"等设计作品，如图 4-1-4 所示。

图 4-1-4　王新元的"天一夜宴"设计作品

中国著名服装设计师马可的原创服饰品牌"例外 2011 春季服装秀"在历经1200 多年风雨的古城慈城亮丽登场。慈城古县城拥有"甲第世家、福字门头、宋式彩画"等遗风文化，时尚现代的服装融入古城的粉墙黛瓦中，意象错综交叠，精彩纷呈。"例外" 2010 年 11 月联合北京服装学院、天工慈城等机构，共同启动"中国服饰文化百年之旅"，以"百年衣裳"为切入点，结合图片展览、美学讲堂、服装表演等形式，推动中国服饰文化的传承与发展，引导人们对中国当代生活美学的思考和探索。

中国现今许多由设计师主导文化创意的原创服装品牌确实具有冯骥才先生所说的"文化远见和历史远见"。这种文化远见和历史远见赋予服装品牌以灵魂，是服装品牌立足与发展的核心动力。

中国时尚界著名的双"金顶奖"设计师武学伟、武学凯两兄弟曾于 2011 年获得"旭化成·中国时装设计师创意大奖"。武氏两兄弟以"城市探索、自然现象和旧趣味"三个富有民族文化生活情境与时尚创意的主题，在对面料特性及 2011 年春夏流行趋势充分把握的基础上，用独具创意的设计诠释了他们对人、社会和自然的深刻认识和理解，并以"旭化成·中国大奖"2011 年春夏季系列新闻发布会的形式，在北京饭店宴会大厅举行了武学凯、武学伟"一起美丽"的作品发布会，获得时尚界的赞誉（图 4-1-5）。

图 4-1-5 "一起美丽"的作品

武氏两兄弟中的武学凯，身兼亚洲时尚联合会中国委员会理事、中国服装设计师协会理事、时装艺术委员会主任委员等多个职位。他与中国许多设计师一样，在设计历程中越来越关注本土元素，不断地挖掘中国文化的精髓，并通过中国国际时装周以及与企业品牌的合作来推动多元民族文化的中国原创服装品牌建设。武学凯早在 1996 年就获得了第四届"兄弟杯"中国国际服装设计师作品大赛金奖。1998 年在中国国际时装周上荣获"中国十佳时装设计师"称号。2000 年成为被国际权威时尚媒体法国 FTV 追踪报道的首位中国服装设计师。2002 年不仅获得中国服装设计师协会"兄弟杯"事业成就奖、中国时尚大奖年度"最佳男装设计师"奖，更为荣耀的是，武学凯还荣获中国时装设计"金顶奖"。2003年，武学凯赴巴黎举办"'时尚中华'当代中国优秀时装设计师作品发布会"。2006年代表中国在米兰举办"2006米兰时装周·中国日"中国设计师品牌作品发布会。2007年在中国国际时装周十周年的庆典活动上，又被中国服装业界授予中国顶级服装设计名师——"中国国际时装周十大设计名师"称号。武学凯不仅领衔杉杉集团有限公司设计总监、WUD时尚创意机构创意总监、北京汉武国际设计总监，还领衔"柒牌"首席设计师，创建了著名的"柒牌·中华立领"，锻造了"中华立领"的独特品格。其设计直取中华民族图腾的精神元素——中华民族气质中的"龙之精气神""刚健大度""儒雅坚毅"，并将其上升为设计理念，体现"中国心、中国情、中国创"，这是"中华立领"品牌的文化内涵与品牌发展的目标和方向。"中华立领"以此来演绎消费者心目中的民族情结、民族个性、民族气质等核心品牌价值。在"中华立领"的系列主题设计中，武学凯于细节处做了许多精心、卓越的创意：在具体款式形态、色彩、材质、内形分割与细节装饰上，采用了中华民族服饰文化中的"外观物质元素"；在形态和工艺上，采用了宽展的肩位，更充分地展开了胸廓的造型，使国人普遍稍显单薄的臂膀显得英挺、伟岸，更能够展现国人的气度；并通过立领、绣花、盘扣、腰封、玉佩等中国服饰元素和中国红、魅力紫、庄重黑等流行色；在材质上将传统面料与现代面料进行科学搭配，让服装质地更加柔和，穿着更为舒适。"柒牌·中华立领"的精彩设计呈现出民族色彩与时尚色彩相辉映、民族化的服装结构形式与国际化流行的裁剪相交糅的艺术效果，充分演绎了其倡导的设计精神——胸怀中华民族龙之精气神，海纳中西方现代时尚设计精髓。"柒牌·中华立领"在武学凯的统领下，完美地将传统的民族风格与现代穿着理念和国际化流行趋势相融合，使"中国风格·世界时尚"合而为一的感觉呼之欲出。

　　以李连杰为代言人的"柒牌·中华立领"的广告片《武》中的主题语"男人就应该对自己狠一点""龙之精气神""刚健大度、儒雅坚毅"，被评为"中国十大流行广告语"，并被"ASIA IMAGE"在《广告成就》以及世界性广告专业杂志《Shots Magazine》中报道。通过实施品牌的核心文化传播，在消费者心目中，"中华立领"成为最能体现民族情结和民族气质的品牌之一，它淋漓尽致地演绎了其品牌的文化底蕴和由设计理念构筑而成的核心文化内涵。关于中华立领的具体内容，本书会在下文的内容中进行更为详细的介绍。

2010 年 10 月 27 日，又见塔克拉玛干——"一华正红"张一华 2011 春夏时装发布会，在中国国际时装周期间于 D-Park 时尚设计广场拉开帷幕，展示了其品牌的三个系列："漫彩旅途""沙海魅惑""璀璨如幻"。张一华从丝绸之路的新疆区域内的美丽风光与风土人情中获得了创意灵感，表达了对该单元人文地理的深刻体验与深情的眷恋。设计直取她对雄浑莫测的塔克拉玛干大漠情境的感怀，与她不断营建"一华正红"百年品牌的核心文化的完美追求相结合。

从以上的论述中我们可以看出民族文化与时尚创意的有机融合是服装品牌建设的成功之本，对民族文化的时尚创意是服装生成的文化底蕴。

（二）当下"国潮"的特点

在当下服装设计发展中，一股新兴的潮流之风受到广大青年追捧、喜爱，他们挖掘传统的中国文化元素进行创作和改编，形成了与时俱进的、与当下社会所契合的中国潮流。这股"国潮"为服装设计领域带来了一阵清风，留下了极具时代特征的时尚烙印。夸大的服装廓形设计，虽然是那么的不合体，却又合适得无可挑剔，在图案纹样上的大胆创新打破了以往设计师元素提炼的"老式"手法，而是直接翻找出沉淀了千年的戏剧脸谱、窗花皮影，放大图案与纹样，以非常直接的方式，甚至以提升其色彩纯度、明度的方式"强加"在设计作品上。这种看似强硬的设计理念，走出了以往设计师们的舒适区，虽不合乎情理，但又意味深长，符合时下年轻时尚消费者的品位与态度。

不常规、求异性的生活方式反而使"国潮"深受追捧。"国潮"作品也并非处处夸张，不拘细节，在夸大廓形、大胆创新色彩与图案的同时，也非常注重细小设计与作品质量。更改常见的纽扣造型与质量，在柔软的服装面料上加入厚重古朴的金属纽扣、铆钉、铁链等饰品，口袋的缝制、拉链的安装都会极其精致，并让穿着的人感到舒适。

第二节　国潮趋势下中国民族服装品牌的建设

为了更好地将中国服装的魅力推广出去，扩大"国潮"的影响力，我们必须要探讨如何建设中国民族服装品牌，发挥品牌的影响力，从而提升中国民族服装的影响力，使其在世界文化舞台上占有一席之位。

一、服装时尚创意产业对品牌建设的推动

（一）国外服装时尚创意产业的文化立足点

1.美国

第二次世界大战后，美国成衣产业中的众多休闲装品牌成为服装多元化、国际化的象征，占据了世界服装的显要地位，使美国成为世界时尚的另一个中心。

美国成为世界时尚中心的立足点的原因之一是，美国社会的独立、民主与文化开放造就了美国人的自由、奔放，使其具有阳刚、独立的精神和大方、豪放的性格，此外，美国人富足休闲，追崇时尚的生活方式。开放的多民族文化心理和处世价值观念共同形成美国多元化、国际化的文化特点。

美国作为世界时尚中心的立足点的原因之二是，优秀的设计师把美国社会的独立、民主与文化开放的特性，也就是由于美国多民族交融所带来的开放的文化情怀、多元的生活方式、豪放的民族性格以及乐于吸纳国际文化的广博胸怀，淋漓尽致地体现于服装时尚创意产业之中。

20世纪80年代，美国人用独特的商业眼光观察国际服装市场的特性，他们认为美式风格的本质具有国际化的特征，因此其他国家的人也会对反映这种特征的美式服装设计风格做出回应。基于国际化都市人的生活环境、生活方式，美国设计师感悟到同质化的城市生活方式需要用异质文化创意来调节，于是他们运用与法国传统时装设计理念和营销大为不同的方式，以大规模的广告宣传带标签性的、露骨的性刺激服装设计，市场重点向低龄化人群倾斜。这种方式成为他们屡

试不爽的抢占市场的手段之一，"卡尔文·克莱恩"（Calvin Klein）（图 4-2-1），就是其中的主要代表。美国基于传统与创新的，灵活、独特的各种商业经营理念横扫了国际时装界，"衣"统天下，攻陷了全球服装市场。

图 4-2-1 卡尔文·克莱恩作品

在美国纽约，每年都有两次与伦敦、巴黎、米兰时装周并称为世界四大时装周的"纽约高级成衣时装周"，与其他时装周一样吸引着全球服装界的目光。而纽约时装业的快速崛起，一定程度上得益于对时装教育的高度重视，纽约市目前就拥有 FTI（纽约时装学院）等 8 所专业院校，并且因为拥有"卡尔文·克莱恩""古斯（Guess）""BCBG""拉夫·劳伦（Ralph Lauren）""唐娜·凯伦（Donna Karan）"等国际著名品牌，而被列为"世界时装之都""世界时尚之都"。

2.日本

20 世纪 50 年代至 70 年代，日本出现了许多成功设计师的根本原因之一是日本有强大的面料企业的支撑，时尚面料成为当时设计师品牌文化风格的土壤。例如山本耀司用他不苟同于世界的思想游走于黑色时尚的前端，他本人被世界时装界誉为"黑色武士""黑色的高傲者"。在山本耀司的品牌出现之前，欧洲时装界流行的是线条硬朗的衣裳，而他在创立"山本耀司"品牌时，则沿袭了日本文化的风格，用层层叠叠、披披搭搭的陪衬方式来处理黑色时尚面料特有的兼具庄重与轻逸的风格，让亚洲人的美学意境在全盘西化的现代设计里创造了奇迹，使其品牌时装的黑白简洁、自然流畅、飘逸洒脱与当时夸张和浮华的衣风形成鲜明对比，使整个欧洲时装界如同刮入一股清风。山本耀司的"Y&y"品牌线的男便装中有一件过度染色的夹克服，其刻意不收边的布边，令帆布看起来如薄料的麻质布般轻盈。他用时尚的黑色、熟练的材质拿捏与非固定结构的着装概念及对东方美学思想的体悟，营造了"山本耀司"品牌风格的"黑色时尚天下"（图4-2-2）。

图 4-2-2 "山本耀司"品牌风格

3.其他

在西方，同样有许多国际顶级品牌得益于材质、色彩的标志性时尚效应。克里斯汀·迪奥在 1905 年出生于法国的诺曼底，"迪奥"在法文中是"上帝"和"金子"的组合，金色后来也成了"迪奥"品牌的代表色，"迪奥"标志性的"金色"、高级华丽的设计风格、做工精细的品质，象征着法国时装文化在世界时尚界所处的至高的精神地位。百年不衰生机勃勃的"香奈尔"，除了坚持对其原有的品牌文化、品牌故事的传承之外，关键在于它有属于自身品牌的"材质"——对粗纺的梭织面料尤为钟情，并以此为基础不断尝试使用新材质。此外，"香奈尔"在不断更新的设计中，对有经典象征意义的黑、白、灰加米色的色系的选用一直延续至今。可见，材质面料与色彩同样是构成"香奈尔"风格的重要组成部分。

2009 年 12 月 3 日，在全世界瞩目的金融海啸、全球奢侈品消费的洗牌和中国消费欲望愈发强劲的背景下，时尚大帝卡尔·拉格斐（Karl Lagerfeld）亲自带着"香奈尔"该年度最盛大华美的时装造访上海，拉开了"香奈尔"全球首秀的

"巴黎·上海"高级手工坊系列服装大片的梦境序幕。名模们身着介于高级定制和高级成衣之间的服装，清脆的高跟鞋敲击地面的声音仿佛成为她们穿越东西方时空身影的伴奏，20分钟的穿越短片演绎着香奈尔的中国梦想之旅：梦境之中，逆时光而来的香奈尔，从20世纪60年代的红色经典回到了20年代的十里洋场，又追溯到了晚清宫廷之中。这种创意表达了卡尔·拉格斐对中国的想象，他说："在20世纪早些时候，我的父亲在北京住过很短的一段时间，在黑白电影中见过曾经的中国社会，所以，如今我凭借着发散性的想象去描述它的一切可能。"

4.经验借鉴

文化创意对于中国服装品牌强国建设具有深远的意义。我们服装品牌的运营者和消费者应当努力加强自己在民族文化上的回归意识，民族文化的自尊、自信、自强的意识，以及在东西文化交融中的文化转型意识。我们的服装品牌运营者应当努力提高自己学习先进科技、文化与创造时尚的意识，拓展以多元民族文化为基础进行多元多样的服装品牌时尚创意的思路，以真切朴实的品牌故事、消费者的多样文化享受、时尚消费感受为依托，努力取得时尚话语权；以服装品牌大国的胸襟与气度面对庞大的中国时尚市场以及国际时尚市场的需求，构建多元多样的品牌生态环境的合理布局；以科学的态度和深沉的智慧创建品牌的多元资本运作、商业模式，以此作为中国服装强国建设的强劲动力和服装品牌强国建设沿着正确方向顺利前进的保障。

虽然年龄、身材、相貌不再是时尚的界限，但是，年轻人是人类未来的主人，是国家和民族的希望，是现在的传统继承者和未来的时尚创造者、开拓者，这是任何力量都无法改变的。未来文化的很多萌芽或基因已潜藏在现在的青年群体的亚文化及其价值体系中，因而它能够对社会主导性文化施以某种影响，甚至可能发展成某一主导性文化的主要组成部分，而正是这一点使青年群体亚文化的时尚主张格外引人注目。在外国的时尚历史上，著名的爵士乐与摇滚乐都曾经是亚文化，但随着专业人士与文化学者的介入，它们都成为主流时尚文化的一部分。不断演进的时尚文化历史告诉我们，昨天的亚文化可能就是今天的主流时尚文化，而今天的亚文化可能就是明天的主流时尚文化。这也表明，所谓正规时尚文化总是在吸收社会内部的民族群体、宗教群体、种族群体、地理区域、国际文化交流、现时社会的新奇事物等多元因素的过程中发展起来的，并在未来演变为他们自身的传统文化，成为促进人类新一轮文化创意发展的源泉和纽带。

时尚并不是少数高不可攀的人才能拥有的神秘之梦，而是将最适合自己的价位、奢侈品融入自身的工作、生活、社会交往中，充分体现个人的艺术品位与总体形象，使之与自己的身形相貌、言行举止、生存环境相和谐的生活方式。

可见，当今的时尚文化除了基于传统文化的基础成分之外，还包括融合现代社会的价值观念和生活观念的最新因素。传统文化一般都处于比较稳定的态势，而时尚文化则如法国人所定义的那样是文化"创意产业"，它是在传统民族文化基础上有意识地摒弃传统思考问题的程序和模式，摆脱思维定式的束缚并进行文化创意的一项产业。因而，时尚文化起着不断更新人们的生活、娱乐内容、消费和行为方式的作用，它使人的生活更加丰富多彩，更加富有个性魅力。例如新一代时尚文化的内容包括街舞、DJ、MC、涂鸦等嘻哈文化形式，并以此显示个人的时尚品位与主张，进而成为一种生活方式。这是西方现代服饰文化、时尚理念的主要特点。

（二）中国服装时尚创意产业的文化立足点

在这里我们选择"柒牌"以在民族文化、时尚创新、品牌市场三位一体的设计定位中，创造出"中华立领"这一中国风格的品牌服装的历程，以及"中华立领"的品牌文化建设与市场策划的实际案例为主线，展开中国服装时尚创意产业的文化立足点。

1.中国品牌服装的设计定位

中国是世界服装生产大国，但不是强国。中国作为世界服装生产大国，很多国际名牌服装都在中国生产、加工，在这之后，衣服上会贴上它们的品牌标志，卖到世界各地，成为消费者竞相追逐的对象。就拿国内牛仔服装市场来说，我们最为熟悉的牛仔服装 Levi's、Lee、G-star 等国外品牌，很受年轻消费群体的青睐；而国内的同类、相同品质的牛仔服装品牌，常常不在年轻消费群体的选择范围之内，殊不知这些被国内消费群体青睐的国外品牌大部分都是中国制造的。我们的品牌需要很好地与民族文化底蕴相结合，同时对品牌进行民族文化与时尚文化相融合的创新设计，提升品牌文化的建设以及市场的目标定位。

那么品牌如何与民族文化底蕴相结合，怎样将民族文化与时尚文化相融合进行创新设计、建立品牌与市场的关系与设定设计目标的定位呢？下面的案例可以较好地回答这个问题。

将品牌与民族文化底蕴相结合是现代服装的流行特性注定的服装产品的特性，也是品牌设计中的一个方向。好的服装品牌都必须适时抓住某一文化底蕴，不断抓住创新设计方向的契机。例如，著名的牛仔品牌卡文克莱（Calvin Klein Jeans）的创始者——卡尔文·克莱恩（calvin klein）认为今日的美国时尚文化是：现代、极简、舒适、华丽、休闲又不失优雅气息。他果断地抓住美国牛仔文化的底蕴，将时尚文化中的现代、简洁、舒适、华丽、休闲又不失优雅气息等因素融入粗犷的西部风情中，如图 4-2-3 所示，使不断创新的牛仔裤的时装特性越来越时髦、轻松、性感，更具都市感。这大大推动了卡文克莱牛仔，使它成为美国牛仔品牌中最有影响力的成员之一。

图 4-2-3　卡文克莱牛仔

地球上的物种生存有这么一条规则，那就是在生态环境竞争中，能存活下来的可能不是那些外貌强大的物种，而是那些能积极对环境和生存的目标与方向做出反应的物种。美国设计师卡尔文·克莱恩正是对其作品在美国牛仔服装环境中的生存状态做出了积极的反应——将粗犷的西部风情这一文化底蕴与现代时尚元素相结合进行品牌创新设计。正因为如此，品牌文化、创新设计被放到服装界无以复加的地位，这也是服装业界广为流传和共同的认知品牌的文化、创新设计，决定了它在全球竞争的地位。

很长一段时间以来中国服装业是"外貌强大"的世界大国，却没有能够对所处的服装企业生存环境做出积极的品牌文化设计的反应。今天中国的许多服装企业已经开始对生存环境、生存的目标与方向做出积极的反应——用博大精深的中国文化去打造品牌的文化底蕴，去进行品牌的创新设计，去抢占国内和国际品牌市场，服装发展的这一趋势就是我们的设计目标与设计定位。

2. "柒牌""中华立领"的设计定位

在"国潮"趋势下的中国风格品牌服装设计中，怎样构建品牌文化的底蕴？怎样构建中国风格的时尚创新设计和市场机制？武学凯的设计作品以及由武学凯领衔首席设计师的"柒牌""中华立领"所构建的中国风格的品牌服装设计将为我们提供一个中国风格品牌的民族文化时尚创新、市场文化建设与定位设计的最佳范例。

武学凯是中国时装界最年轻的"金顶奖"获得者，有着丰富的中西服饰文化、专业知识、设计经验与能力，在他身上能够真切地感受到民族文化的自尊，能够对世界时尚与中国当前服装业的处境做出积极反应，有一颗为创造中华民族服装品牌而强烈搏动的心。前法国总理夫人非常喜爱穿着具有中国文化底蕴、中国风格的服装，武学凯曾受法国总理之邀，运用法国的流行面料、中国的元素、刺绣和工艺为总理夫人设计了一套时装，得到了总理夫人的热情赞许和由衷喜爱。

武学凯在设计上能够牢牢把握民族文化与时尚创新相结合的品牌与市场的格局定位和方向。他把品牌的根深深扎在中国，并将其植入中华民族几千年文明的文化沃土中，如图 4-2-4 所示，使他在执掌了福建"柒牌"首席设计师的职位不久，就让该品牌荣膺"2007 中国纺织十大品牌文化企业称号"。武学凯在北京 2008 奥运升旗手礼仪服装的设计中，以中国悠久的瓷文化作为服装文化的底蕴，取青花瓷的艺术元素融合于服装形态与细节装饰设计，在"中华立领"上巧妙地绣上了代表中国传统元素的青花瓷图案，在展示中国传统文化的同时又表现出了阳刚之气，体现了中国民族时尚的精髓，成为民族文化和现代时尚相结合的经典之作，如图 4-2-5 所示。此作品在北京 2008 奥运升旗手服装设计的激烈竞争中脱颖而出，获得"奥运会颁奖礼仪服饰设计一等奖"。此外，"柒牌"还获得了"北京 2008年奥运会颁奖礼仪服饰设计组织贡献奖"。

图 4-2-4 "柒牌"男装

图 4-2-5 北京 2008 奥运升旗手服装

武学凯设计的已经风行全国的"中华立领"系列品牌服装，其设计的文化底蕴，直取中华文化中的内在精神元素——中华民族气质"龙之精气神""刚健大度、儒雅坚毅"，并上升为设计理念——体现"中国心、中国情、中国创"。这一内涵特点就是"中华立领"品牌文化与品牌的发展目标和方向，并以此来演绎消费者心目中的中华民族情结、个性化、时尚感、气质等综合的品牌价值。在"中华立领"的系列主题设计中，他在细节上也做了许多精心的创新设计，在具体款式形态、色彩、材质、内形分割与细节装饰上，则用了中华民族服饰文化的"外观物质元素"，如图 4-2-6 所示。

图 4-2-6　中华立领中的民族元素

在形态和工艺上，让服装更柔和、更顺合身材，更为宽展的肩位更充分地展开了胸廓的造型，使国人普遍稍显单薄的臂膀显得自然、英挺伟岸，更适合国人的身材；并通过立领、绣花、盘扣、腰封、玉佩，中国红、魅力紫、庄重黑等流行色，在面料上用传统面料与现代面料进行科学的搭配。我们从下述部分"立领"的作品（图 4-2-7）以及"柒牌·中华立领杯"时尚中华创新设计邀请赛的男、女装作品（图 4-2-8）中可以看出，其设计及倡导的设计精神使"胸怀中华民族龙之精气神、海纳中西方现代时尚设计精髓"呈现出民族色彩与时尚色彩相辉映，民族的结构形式与国际化流行的裁剪相交融的艺术效果。它完美地将传统的民族风格与现代穿着理念和国际化流行趋势、时尚魅力相融合，使中国风格、世界时尚的感觉呼之欲出。

图 4-2-7　传统与现代面料的科学搭配

图 4-2-8　柒牌·中华立领杯时尚创新邀请赛男、女装作品

3."柒牌""中华立领"的文化建设

下面我们以"柒牌"的"中华立领"为背景，就其在以"民族文化为根基"的服装品牌的民族文化底蕴、品牌的设计理念、品牌的核心文化内涵；在以"时尚创新为本"的服装产品系列化搭配组合以及品质构成的品牌的含金量；在以"品牌市场为目的"的市场消费文化、营销策略的主题核心传播、管理策略这样

三位一体的、良好的品牌企业运行机制，来探讨民族文化、时尚创新、品牌市场的服装设计。

2002 年，"柒牌"的掌门人洪晓峰先生陪同一位国外的知名设计师在中国考察时，这位设计师说："中国的设计师要走向世界，一定是凭借中国自己几千年的文化积淀，而不是依靠模仿西方的设计风格。"这句话给了他很大的启发，使他清楚地意识到，在中国服装业中不仅设计师应当如此，服装品牌也应当如此；本土的品牌要真正做到与国外大牌相抗衡，一定要带有中华民族精神特质，创造出具有中华民族特质的时尚，这样才能最终改写舶来时尚一统天下的局面，于是就有了"中华立领"的诞生。"中华立领"在 2003 年最初的名字是"中式立领"，在订货会上一经出现就让人眼前一亮，众多经销商对样品都很喜欢，称赞有加，但因对这款新服装的市场销量心中没底，谁也不敢轻易下订单。此时，"柒牌"果断邀请国际影星李连杰为"中式立领"代言，强化了民族文化的底蕴，广告一经推出中式立领便销售火爆。但此时的"中式立领"在民族文化的承载含量上仅是"中式"一个服装品类的概念，在国内男装市场竞争激烈、新品牌不断涌现、同质化竞争日趋严重的背景下，它无法承载品牌的内涵，在竞争对手跟风后，难以形成认知上的有效区隔。而"中华"具有浓厚的文化底蕴与内涵，它才是关键词与突破点，也更吻合"柒牌"的价值观和企业使命。因此，公关顾问公司通过研究分析后给"柒牌""支招"：建议"柒牌"采用"中华立领"作为品牌名称，进行产品的整合、营销传播与推广。至此，能够承载中华民族服饰这一文化底蕴的"中华立领"的品牌名称被确立。

由此可见，"中华立领"品牌这种明显带有中国浓厚文化底蕴的服装设计理念，自然成为品牌创新设计的重要组成部分，也成为"柒牌"个性化的体现，预示了"柒牌"的产品和品牌有了自己的特质——中华民族文化底蕴和元素。

和世界上许多著名的品牌建设一样，"柒牌"这一品牌也必须要有自己的文化建设，并与具体产品的外观形态以及内在的文化内涵、品质进行良好的结合，才能更贴近消费者，更时尚，更流行。

为实现这一品牌的建设目标，满足市场的需求，"中华立领"启动全面的系列化产品的设计，将服饰系列定义为以中华文化中的"内在精神元素"——中华民族气质"龙之精气神""刚健大度、儒雅坚毅"的文化底蕴为设计灵感来源，将中华民族五千年的优秀传统文化与现代国际时尚元素融合，形成五大系列产品：

（1）经典系列（公务）：正式场合及工作时间穿着，以西装为主，系列产品有单件休闲西装、衬衫、西裤、大衣。

（2）商务休闲系列：上班、出差、谈判等商务活动时间穿着，以夹克为主。

（3）时尚休闲系列：娱乐、郊游等活动时间穿着，以夹克、休闲西裤、T恤、毛衣、休闲裤、棉服为主。

（4）运动休闲系列：周末休闲及工作之余时间穿着，带有运动元素的系列产品。

（5）中华立领系列："柒牌"特色风格，节庆、重要场合以及生活中穿着。

同时还把西服休闲化，使衣服更人性化。在面料的使用上倾向于毛料和含棉料等天然材质，使服装更便于穿脱和洗涤，把服装穿着的舒适性提升到一个新的高度。2007年，"柒牌"积极参与起草了福建省《中华立领男套装标准》，此举不仅有效地规范了"立领"系列服装市场，还提高了市场进入的门槛。如此等等，使品牌服装产品的品质与系列化、搭配组合的设计做到能够彰显民族文化、时尚、创新优势，符合消费族群对鲜明的个性化、独特的类别、文化的内涵、中西合璧、风格与特点等的需求。

"柒牌"把此前对品牌文化底蕴的营造、设计理念的拓展、系列化与搭配组合的文化与时尚服装设计以及品质建设，看作品牌建设的一个部分；把构建市场消费文化、营销策略主题和核心传播、传播推广的途径设计当作品牌构成的另一个重要部分。因此，"柒牌"围绕"中华立领"的品牌文化底蕴——中华民族气质"龙之精气神""刚健大度""儒雅坚毅"，围绕"柒牌""中华立领"的设计理念——"中国心、中国情、中国创"——凝结而成的品牌的核心文化内涵，以及在品牌服装的成功设计等的基础上，确立了"柒牌"的"中华立领"区别于其他男装品牌的市场消费文化、营销策略的核心传播的主题，即男人应该选择坚强，选择奋起，确立了"男人就应该对自己狠一点"这一市场消费、营销策划设计的核心文化价值与核心传播主题。

为使这一市场消费、营销策划设计的核心文化价值与核心传播主题，在品牌上给人以直观的感觉，"柒牌"将"7"的标志延伸为一面迎风飘扬的旗帜，很像一个迎风而立的男人，勇敢、孤傲，还带着一份潇洒和飘逸，构建了"柒牌""中华立领"在男人心目中完美的"柒牌"标志形象，如图4-2-9所示。

图 4-2-9 "柒牌"标志

"柒牌"十分精心地策划设计了区别于其他男装品牌的市场消费文化、营销策略的核心传播途径。它实施了多个传播途径设计，其中最重要的是通过李连杰作为"柒牌"代言人穿着有"柒牌"标志的"中华立领"，以及由"柒牌"的广告核心传播主题语"男人就应该对自己狠一点"构成的广告片《武》的制作，并将《武》的播放作为核心传播推广的主要途径。"柒牌"《武》传播不久，就被评为中国十大流行广告语。广告片《武》也被 ASIA IMAGE 在"广告成就"中报道，此报道是在 2007 年的一个时期里亚洲地区四个具有代表性的广告片，"柒牌"《武》是中国区的唯一代表，另外，世界性广告专业杂志 Shots Magazine 亦有对该广告片的报道。由此，"柒牌""中华立领"这一品牌的外在视觉标志已经与内在的核心文化内涵、消费者的核心价值诉求完美地契合在一起。它引起了中外消费者的共鸣，使"中华立领"在消费者心目中成为最能体现民族情结、个性化、时尚感、气质等综合价值的形象，构建了中外消费者对"中华立领"的高度忠诚感，淋漓尽致地演绎了其品牌的文化底蕴和由设计理念构筑而成的品牌核心文化内涵。

"柒牌"对"中华立领"这一品牌的核心文化内涵，还实施了多个传播推广途径，策划设计了一系列公关活动。2004年"柒牌"在中国国际服装服饰博览会上，扛出"时尚中华"的大旗亮相；在北京中华世纪坛中成功地举办了规模宏大的"柒牌中华武术迎奥运暨万人太极拳表演"活动。它在营销中更多地应用横向的水平营销思维而不是传统意义上的市场细分，精心策划设计物流安排与周全的服务，从而用更多有趣的创意和概念来迎合消费者的个性需求。在全面塑造"中华立领"品牌形象活动的同时，其品牌的效应使"柒牌"在2004年以3亿元的销售额创造了最高的年销售纪录，2005年"柒牌"旋即进入了"中国500最具价值品牌"名单，接着荣膺了"2007中国纺织十大品牌文化企业称号"。

品牌的民族文化、创新设计、核心文化与市场的整体建设，是具有社会效应性的、动态性的、持续性的、高端性品质与高创收性的有机循环，是企业长久发展的大计与重要的谋略。为此，"柒牌"在清华美院成立"柒牌中华立领男装系列产品研发设计小组"和"柒牌百万奖学金"。同时，"柒牌"为"中华立领"单独成立了公司，并在上海浦东买下了两层甲级写字楼，用做"中华立领"系列产品的品牌运营工作。"中华立领"公司成立后，又启动了一个营销渠道重建计划，在全国一线城市开设50家"中华立领"旗舰店，而后再逐步渗入二三线城市，并策划不久的将来在西方也开设专场店，这是"柒牌"的"中华立领"品牌产品走向"高端"市场的步骤。今天，虽然"柒牌"的"中华立领"正处在努力发展成为与国际品牌比肩的中华民族品牌的征途中，但它的品牌文化其实已经深入人心，它正在影响着一代中国人的文化观念，成为重振中华民族的服饰文化的一支生力军。

4.服装品牌建设知识经验的总结

（1）重视民族文化元素

要重视民族文化元素在服装形态设计、服装色彩设计、分割装饰设计、纹样工艺设计、材料设计等方面的体现以及艺术语言的驾驭与运用；要重视对民族区域服饰文化的考察写生实习，对民族服饰博物馆所的考察研究，特别是对国际时尚服饰大牌及其市场的考察调研等所获得的知识经验的运用；要重视民族文化、民族服饰的发展沿革、文化转型与跨文化传播，使中外服装设计师在现代服装设计中展现出民族性与国际性的知识经验的运用；要重视在服装品牌公司、著名服装工作室中实习的知识经验的运用；要重视对中外各类服装专业展会、行业赛事作品与市场需求的研究分析，把设计目标主题放置在宏观的民族文化、时尚创新、品牌市场的概念下进行立体式的设计探讨。在设计过程中要使自己在民族文化的内涵与时尚创新理念的激发下，诱发设计灵感，做符合市场需求的主题系列服装设计。

（2）加强品牌文化的建设

随着世界性的服装纺织业竞争日趋激烈，我们不仅要不断创造自己的品牌服装，还应当在原有品牌的基础上不断地加强品牌文化建设，因而才能切实地融民族文化、时尚创新、品牌市场三位于一体，它是我们学习研究的焦点。近年来龙吟、凤舞、汉韵、唐风、天人合一的文化观、图腾的美丽传说等带着强烈的中国文化底蕴的元素不断被国内外设计界所运用，并产生了世界时尚中国风。2006年"乔丹杯"的赛事主题为"激情奥运·时尚运动"；"先锋杯"2007年第四届中国青年服装设计大赛的主题为"青春中华·时尚先锋"；第11届"汉帛奖"大赛的主题是"时尚盛典"。时尚、品牌几乎成为设计界的核心词，因此，在设计上要尽可能使主题系列服装的名称与设计的灵感来源、元素来源以及时尚文化产生内在联系；与品牌中的文化底蕴、设计理念共同构成的品牌核心文化内涵以及市场需求产生直接的内在联系，这样我们的设计才能促进品牌文化的建设。

我们应该坚信"民族文化与运动装的时装化设计"的创作方向是正确的，值得全力以赴为之付出。以"民族文化为根基""以时尚创新为前瞻""以品牌市场为目的"设计出的具有中国风格的作品，这样的"民族的"，就一定是"世界的"。

（3）掌握服装品牌的发展方向

"海纳百川而成浩瀚之势"，中国文化在漫长的历史进程中通过吸收、融合世界多元文化的营养不断壮大、发展，但根脉始终源于中华这片沃土。换言之，文化在本质上具有"民族性"和"世界性"——"中国的·国际的"特性。不管是本土自主品牌的时尚创意，还是国际品牌、"傍洋牌"的"本土化""民族化"，尊重和弘扬民族文化，使之能够在世界时尚领域独领风骚始终是中国构建多元服装品牌类型格局的主流方向。但是，一直以来中国服装品牌存在着严重的"民族文化、时尚创新"特色缺失的问题，由此连带产生了"自主品牌缺失"的问题。

因而当今中国服饰文化的崛起与服装品牌强国建设需要直接面对几个重要议题：民族文化、时尚创意、品牌消费市场、品牌类型格局。我们应该针对国际服装市场品牌类型格局与服装设计风格之间的关系，分析国际市场需求以及由中国14亿人的服饰审美所形成的庞大的市场需求，考虑中国各少数民族的传统衣着习惯所构成的特殊市场需求，思考民族文化在品牌风格赢得本土消费者的青睐、走向国际的过程中的作用。根据这一思路，以民族文化为核心的多元品牌类型，按照民族文化元素的传承、创新方式，可以大致概括地将服装品牌的发展方向分成三大类型格局。

①中国原生态民族服饰传承发展类型

以传统民族服饰文化元素为主体，将其他文化元素兼容并蓄于中华民族文化元素中，在保持鲜明的传统民族服饰风格的前提下，适当吸收现代时尚元素。设计的目标定位为：国内外民族服饰文化的教育、交流、展览，丰富中外文化交流和旅游市场，适应民族区域少数民族的日常生活、节日庆典、舞台戏剧、旅游产品等有专一民族服饰文化指向的、有明显的传统民族服饰特征的特定场所，构成专一民族服饰原生态元素突出的原生态民族服饰传承发展类型服装品牌。

②中国民族文化元素的应用创新类型

设计思路不拘于"朝代多元一体脉络文化"或"少数民族多元脉络文化"中的元素，不受某一特定民族文化的限制，在中华民族传统文化的宝库中提炼符合现代人审美观念的元素，吸收当代时尚元素，引领流行时尚的走向。设计的目标定位为：一是面向少数民族所在的民族地域，设计符合旅游产业、节庆礼服、舞台表演所需的服装，开发具有传统民族服饰特征的、文化形态明显的、艺术化的产品；二是面向时尚艺术界的消费群体，设计具有中国民族风格的、富有时代气息的高级定制服、高级礼服等。面向爱美求异、求新享受的消费群体，要设计时尚休闲的日常服、旅游文化产品，构成兼具中国文化特色与国际时尚潮流、彰显个性的民族文化元素的应用创新型服装品牌类型。

③蕴含中国民族文化的自由创意类型

在中华民族文化资源中提取与现代人审美观念相符合的元素，吸收时尚元素，使设计蕴藏其中并传递出中华民族的文化底蕴和民族精神。设计的目标定位为以下几个方面。

第一，面向需要展示"各美其美"的中华民族精神的消费市场，设计饱含中华民族文化底蕴的时尚流行服装、高级定制服、高级礼服等。

第二，设计师在深入研究国际流行趋势的基础上，大胆预测流行趋势的走向，使设计针对时尚趋势进入高端品牌市场，展现出具有独一无二的、富有中国气质的"中国的·国际的"时尚风范，甚至能够引领世界时装流行时尚，构成蕴含中华民族文化的自由创意型服装品牌类型。

当今以中华民族文化的自觉与自信在时尚领域耕耘的众多中国著名服装设计师有丁勇、马可、马艳丽、王新元、王玉涛、王鸿鹰、王晓琳、计文波、邓皓、邓兆萍、卡宾、任平、刘洋、刘薇、朱琳、祁刚、吴海燕、张肇达、张继成、张志峰、张义超、李小燕、陈闻、陈迷丽、房莹、武学伟、武学凯、罗峥、周红、赵玉峰、赵伟国、郭培、梁子、谢锋、曾凤飞、蔡美月、薄涛等，在上述三个不同类型的品牌建设领域中，他们各自用不同的艺术视角、独特的服装文化创意、独特的设计语言，在独具风格的品牌建设、品牌产品设计方面都取得了卓著的成就。

例如曾凤飞，在跨越中国民族文化元素的应用创新类型与蕴含中国民族文化的自由创意类型之间的领域中，在进行自己男装民族服装品牌——"曾凤飞"品牌的建设与品牌产品设计的过程中，成就了自己的二番事业。

（3）处理好中国传统与世界时尚的关系

左手得抓住中国传统文化，右手得抓住世界时尚文化，把传统文化活化于当下的生活。因此，我们不仅要强化"市场需求决定产品，服装永远是市场需求的产物""风格永存"的理念，还必须重视对流行趋势的运用，将中国民族文化与多元国际时尚元素、流行趋势交融为创意灵感源泉，使品牌风格设计更具时尚性、市场性。当前，国际流行时尚的潮流趋势主要表现为以下几个方面。

第一，科学技术向宇宙空间扩展，在这个科技背景下，服装设计师与消费者出于对太空、宇宙与苍穹的向往以及对生命的珍惜与顾念，引发了对科技的依赖思想，进而产生了"科幻元素"的国际时尚趋势（图4-2-10）。

图 4-2-10　Alexander McQueen "科幻元素" 的国际时尚

第二，新旧媒体的交互影响，不断地唤起服装设计师与消费者对过去年代的依恋，并且引发了对未来世界的畅想，给设计师带来了无限的、充满创意的"复古与未来主义"的灵感，因而产生了"复古与未来主义"的国际时尚趋势（图 4-2-11）。

图 4-2-11　"巴黎世家" 高度青睐 "未来主义" 时装

第三，时尚界对世界上的艺术风格具有高度的敏感性，历史上各种艺术形式对服装设计师与消费者的影响是永久性的。因此，艺术和相关事件、造型艺术的风格永远都是服装设计中不可缺少的元素和灵感来源，因而产生了"艺术至上的装饰的"国际时尚趋势（图 4-2-12）。

图 4-2-12　艺术至上——"路易·威登"的"混血基因"

第四，世界性的体育运动风使体育与文化、体育与艺术、体育与时尚等诸多因素交织于国际体育服饰品牌中，交织于奥林匹克体育运动事件之中，交织于世界各民族的时尚生活之中，因而产生了"运动装时装化"的国际时尚趋势。

第五，随着人类科学、技术、经济的发展，人类对地球资源无节制地掠夺在不断升级，由于自然生态的破坏所导致的空气污染、全球变暖、土地沙漠化、大量动植物濒临或相继灭绝、能源枯竭，给人类的生存和精神世界带来了严重的危机。因此，反思天、地、人同根同源的"天人合一"的东方文化，随着回归自然、保护生态、节约能源等观念成为全人类的共识，形成了"天人合一、回归自然、绿色、低碳"的国际时尚趋势（图 4-2-13）。

图 4-2-13　李小燕"旭化成·中国时装设计师创意大奖"作品

第六，当今"地球村"上的人类处于科学技术不分国界、信息瞬间千里的时代，服装设计师和消费者既讲求时尚、纯粹、质朴、简约、洗练、实用，又提倡享乐主义，追求优质至上的生活态度和求新、求享受、摒弃趋同、注重审美，强调个性的价值观。随着时代的发展，将不断产生各种以自由文化为主题的时尚需求，由此产生了"自由文化主题"的国际时尚趋势。

中国的服装品牌建设、服装风格设计，在以中华民族文化为根基的前提下，只有将多元国际元素与上述时装发展历程中反复出现的几种时尚趋势进行大胆交融，才能在中国服装品牌三大类型格局下，创造、衍生出丰富多元的"中国的·国际的"品牌风格类型。此外，承载着民族文化的面料与色彩，也是丰富多样的服装品牌风格形成的重要保障。

（4）明确品牌利益相关者的分布

在品牌生态环境中，相互影响、相互作用的利益相关者所构成的品牌生态圈，其内部关系包括以下几个方面。

一是投资与战略合作伙伴：包括股东、投资伙伴；金融分析、资源开发和不分国内、国外市场的营销合作；能提升应变能力和抗风险能力的合作者、竞争者、广告代理商、主要承销商等。

二是机构设置与决策：包括领导办公室、设计部、市场部、企划部、财务部、销售部、公关部以及附属机构、控股公司等。

三是信息来源：对于行业有影响者、市场分析员、行业协会提供的利于品牌发展的有价值的信息。

四是管理与营销渠道等方面的终端决策：包括品牌在国内外的现状、服务群体定位、命名；公关策略、广告创作、新闻宣传、品牌辐射范围、标识、商标研究；品牌的文化内涵与核心价值、品牌的培育、技术方面的创新、产品生产的环保、区域覆盖的持续发展战略；品牌营销代理商、批发商、加盟商、分销商、经销商、零售商、电子商务以及细分市场、营销理念、利润高低、风险大小、发展潜力、促销管理、服务对接、财务管理。

五是消费者：包括现有消费者，以及通过竞争与影响力可以争取到的潜在消费者等。

此外，还包括内外协作的战略联盟以及分布于国际市场上的品牌生态环境、协调发展的机制建设，要建立由于语言、文化、贸易方式、空间距离、关税、时差等各方而形成的品牌环境差异的连接。

在明确品牌利益相关者的分布，特别是服装品牌的区域性、功用性类别所处的生态环境后，便可以开始绘制品牌的生态环境关系图。为保证在品牌生态环境中进行良性竞争的前提下各方利益的平衡，应注重以下两点：第一，要对分工管理人员问责过去在品牌管理过程中所经历的成败，要职责分明，兴利除弊，提升品牌的创造能力；第二，要明确消费者的需求与品牌利益相关者的期望，正视与其他品牌竞争时自身的优势与劣势，同心协力推动品牌生态环境的良性发展，形成"双赢"的局面与可持续发展的态势。

二、"国潮"服装的国际化进程

当今世界，各种高级时装和奢侈品似乎成为"远来的和尚"的化身，在中国这个新兴的市场上翻云覆雨，如今中国一线、二线城市的商场里面云集了各种顶级国际品牌。中国的消费者虽未必了解各国服装品牌的根系发端和起始渊源，但当人们看到来自于国际上有"浪漫之都""时装之都"之称的法国巴黎的世界顶级服装品牌，就会马上想到在 21 世纪的今天，还能被祖母、母亲、孙女三代同时所钟爱的"香奈尔"；当人们看到来自于引领世界时尚创意的、有国际"时装之都"之称的英国伦敦的世界顶级服装品牌，就会马上想到既带有浓烈的英伦色彩，又蕴含古典传统之美，更能散发出现代摩登之情趣的"巴宝莉"；当人们看到来自于引领服装产业升级的、有国际"时装之都"之称的日本东京的世界顶级服装品牌，就会马上想到带着日本岛国气息以及飘散出空灵、清新的东方之风，被誉为"服装色彩大师"的"高田贤三"。许多国际品牌在建立之初，大多是以其民族、国家、区域或城市文化创意为根基，再以"资本、才华、渠道与模式建设"为扩张手段，从品质到服务，一点一滴做起，在经历了几十年甚至上百年的流行趋势的更替后，逐渐拥有独树一帜的品牌核心文化、品牌故事、品牌风格以及在竞争上的价值，同时其品牌生态环境的优越性也随之显现。

今天，在"中国的、国际的"服装品牌建设的过程中，中国不仅要学习国际品牌建设品牌生态环境的经验，更要长期地、全方位地关注与自身品牌相关的消费群体的时尚生活方式与社会活动，如朋友聚会、自驾旅游、登山、打马球、打板球等；并且充分利用为社会名流、名媛定制服装的机会，将品牌产品精工细作的点滴过程、品牌对于品质的追求及产品中的文化内涵，向消费者作贴切的介绍、宣传，逐步获得消费者的接受；使消费者把购买其品牌的产品当作对于时尚生活方式的追求或是自身价值的体现，进而在其消费需求中生根。由此，通过消费群体的时尚生活圈所形成的时尚生活方式，来深入构建品牌文化，形成可叙说的品牌故事，并将对自身品牌的品质和竞争力的构建延伸到品牌的慈善事业、社会责任、绿色环保责任中，引领社会发展、展现消费群体的生活方式与人生价值观，使品牌被消费者认可并推崇，从而形成品牌生命的内在文化基因，并生成品牌在其生态环境中的核心竞争力，这是"中国的·国际的"服装品牌强国建设的一个重要环节。

（一）"国潮"服装走向国际时装舞台

2018 年 6 月，中国李宁登上巴黎时装周，本季作品将"中國李寧"4 个繁体字印在包包、T 恤、衬衣等单品上，增加国人的消费欲望，穿上国产品牌后的热血沸腾是祖国强大最好的见证。李宁以"行"的主题登上纽约时装周（图 4-2-14），"少不入川""破旧立新"及"长安少年"的独立主题被中国风文字印制在服装上，引领时尚潮流文化。本次的秀场作品设计更为大胆，夸大的袖笼深度打破原有的运动服装特点，恰如其分地在潮流与舒适之中找到平衡。

图 4-2-14　中国李宁 2019 纽约时装周

2019 年 6 月，李宁在巴黎时装周发布的 2020 春夏系列新品，以"行至巴黎"为主题，再次带领"国潮"踏出国门。本次大秀以"国球"乒乓球等运动为灵感来源，在秀场布置上以中国风元素为主，把"国潮"推向了新高度。本场设计作品色调鲜明，多用亮丽的蓝、红、橙、绿、黄来展现青春运动色彩，致敬中国乒乓，简约的夹克、卫衣、短袖设计，搭配几何线条的图案，以少见多，工艺细致。

（二）大胆突破：跨界合作设计

继李宁 ×OG Slick 联名之后，2018 年 11 月，再次发出消息：中国李宁 ×红旗汽车联名，一个是中国最知名的运动品牌，一个是中国最知名的汽车品牌，联名发布的设计作品不但复古味十足，极具 20 世纪 70 年代的"中国味道"，而且设计感十足，这场"国货"之间的合作堪称国产顶配时尚。2019 年 7 月，中国李宁联名人民日报新媒体正式开售，将李宁先生 1984 年在洛杉矶奥运会上获得 3 枚金牌的老报纸印在衣服上（图 4-2-15），创意十足。人民"报"款向大家展示了其设计同样也是"一切皆有可能"。

图 4-2-15　李宁联名人民日报

紧接着在 2019 年 8 月，李宁跨界联名《国家宝藏》亮相西安，以发扬中华传统文化精髓为核心，将国宝精神注入产品内涵。此次推出的联名款"汉甲"以汉朝将士的鳞片甲衣结构为设计灵感，细节处点缀代表战士的青铜兽面纹，整体视觉满载古代军事风（图4-2-16）。联名款"鱼跃"以传统年画鱼跃龙门为灵感来源，将年画中的色彩和图案以及鱼鳞元素融入设计，以时尚年轻的板鞋风格来呈现，寓意着生活的质变飞跃、平步青云的美好愿望，象征着飞跃高升、大展宏图的美好前途。联名款"君子"也是细节满满，设计师将墨梅图、墨竹、兰和菊等元素分别融入脚背织带、鞋身以及后跟，并以中国传统水墨勾画元素，诠释"梅兰竹菊"所蕴含的"以仁处事，以厚待人"的内涵。这两年来李宁跨界合作频繁，从来不让人失望，也见证了其在发掘中国文化道路上的用心，带领国产服装与传统文化开辟"国潮"之路。

图 4-2-16　李宁联名国家宝藏"君子"

太平鸟的发展也搭上了潮流的列车，成为"国潮"品牌的佼佼者之一。太平鸟集团董事长张江平说："太平鸟是做衣服，我们做好每一件中国制造、中国设计的衣服，就在树立一份自信。"确实，"国潮"需要"潮"设计，需要敏锐的眼光与洞察力，但"国"一定是品牌发展的前提与根基。今天的太平鸟与10年前完全不一样，从产品定位于"70后""80后"之间，到如今主要面向"90后"甚至"95后"的时尚青年。从曾经的中年商务男装，发展到如今拥有 PEACEBIRD 太平鸟男装、PEACEBIRD 太平鸟女装、LEDIN 女装、Mini Peace 童装等多条线路同时发展的盛况。作为中国国产服装知名品牌，有着24年发展历程的太平鸟随着时代经济发展不断调整与适应，实现升级转型成功，在2018年发展成为一个终端零售额超过100亿元规模的罕见巨型中国品牌。

当太平鸟第三次登上纽约时装周的舞台（图 4-2-17）作为纽约时装周的开场秀，正式点燃了 2020 春夏四大时装周的热情 9 月。"太平青年，大有可为"是每一位太平鸟人心里的信念。在本次的男装大秀上，以"太平青年 Come On"为主题，致敬中国女排，设计点上也结合了冠军奖牌、排球等赛场元素。同时，与"今日头条"、华为荣耀手机的合作联名款也精彩亮相，41 套 LOOK 完美展现出太平鸟发展之路上的"变"与"不变"。细数近年来与太平鸟联名跨界的有可口可乐、凤凰自行车、喜茶、大白兔奶糖、饿了么、巧克力豆 M&M's 等等。融入了这些品牌文化的太平鸟服饰设计更加大胆，色调上以无瑕的白色和高贵的黑色为主色调，再搭配上荣耀、今日头条等图案，展示出中国设计与国际时尚接轨的步伐。通过时装周、联名跨界、开快闪店等多重方式为品牌造势，获得青年认可。这种丰富自身设计元素手法显然助力了品牌的大力发展。

图 4-2-17 太平鸟 2019 纽约时装周

（三）刷新时尚设计速度

如今，太平鸟的研发设计团队已达 500 多人。在快速反应的供应链支撑下，太平鸟一年投放市场的新品近万款，零售门店能达到 1—2 周上一次新品，线上门店也每周上新。太平鸟的设计、生产到门店销售的速度现在也能达到夏装在 20—25 天左右，冬装在 30—35 天左右的中国速度。

　　"老牌"如今变"潮牌"。20世纪七八十年代，回力凭借实惠、舒适、耐穿成为一代经典，也成为中小学校园里的小白鞋"代表之作"。近年来，鞋王回力搭上复古潮流的列车，通过设计创新、营销创新等方式，以"国潮"面貌频繁出现在国人眼前。与百事可乐联名，先后发布最贵的回力鞋"回天之力"（图4-2-18），与雪梨CHIN以"全力以赴""爱国青年"的国潮态度，推出联名合作款CHIN WARRIOR"全力以赴"系列等，用设计让老牌也能走在时尚前沿。今天达到60亿销售额的回力，也成为外国人眼中羡慕的"中国帆布鞋"。鞋身以简约的白色调为基础，配上拥有数十年历史的经典标志，黑、白、红的经典色彩搭配，复古感十足，在鞋边上的印字设计符合时下潮流，"硫化胶底"4个字也非常直白率真。

图4-2-18　回力鞋"回天之力"

三、"国潮"未来发展之路的建议

（一）挖掘本土独有的传统文化

　　发展具有中国特色的国产潮牌，对本土具有鲜明特色的图案纹样、造型配色、历史典故进行深入挖掘，在传统文化与潮流风向两者之间找到平衡点与切入点。中国"国潮"不一定要跟欧美潮牌一样，灵感来源与受众全都取自美国的街头文化、滑板、嘻哈、Hip Hop，中国"国潮"应当扎根于中国传统文化，凸显本土文化的特色。中国文化包含商周秦汉等历朝历代的文化遗留，包含幅员辽阔的祖国大地上的高原、长江、南海、群岛等各式各样的地质地貌，也包含数十个民族不同的饮食、服饰、信仰、习俗等等，还有非常广阔的空间供设计师们挖掘与探索。正如中国十佳设计师冯三三，以独特的设计视角在中国国际时装周上屡次带来震撼人心的优秀作品。

（二）注重品牌设计经费支出

无论是"国潮"品牌还是传统时尚品牌的发展，设计一定是品牌发展的核心与源泉，所以，加大品牌设计经费支出，聘请具有前卫时尚眼光、市场经验丰富的设计师团队尤为重要。针对年轻人的消费心理，潮流品牌更应当注重款式、面料材质、配色等方面的设计，根据市场销量，及时有效地做出再生产的反应，预见"爆款"，生产"爆款"。

（三）结合时装秀的市场导向性

时装秀是品牌宣传的最好方式之一，一场品牌发布会能够带来的直接或间接营销额不可小觑。目前国际上著名的时装周包括伦敦时装周、纽约时装周、巴黎时装周、米兰时装周等，国内的中国国际时装周和上海国际时装周也颇具名气，国内许多城市也会举办大学生时装周，如北京大学生时装周、广州大学生时装周等。通过媒体的宣传与报道，品牌的时装周效应能在短时间内迅速传播至各地消费者，大家也能通过秀场直播清晰有效地看到新一季款式与卖点。现在许多品牌都开启了"即秀即卖"的营销策略，即在秀场发布第一时间里，线上销售平台也同步发售，这样消费者在看秀时就能立马下单，把最新潮的款式带回家。在每场秀发布后，都会为下一季的流行风向带来一阵时尚热潮，从而促进消费。

（四）加强线上线下合作营销

在这个网络飞速发展的时代，线上消费已经成了大部分年轻人的生活方式，2018年天猫淘宝"双11"总成交额达2135亿元。"国潮"品牌的营销不能只单靠线下店面的单一传统销售，也不能只专注于线上销售而忽视了线下门店的重要性，应当结合线上线下两条线，发挥各自的优势。线上销售要注意销售客服的培训，注重线上交流态度与耐心度，提升物流配送速度，产品包装设计应当符合品牌定位及品质；线下销售应当注重店面的陈列设计及空间设计，店面选取的位置也极其关键。无论是线上还是线下，品牌都应当把顾客至上放在首位，让消费者能够感受到服装品牌在服装设计感、面料材质、服务、售后等各方面都善始善终，考虑周全。

潮流艺术的追随者越来越多，我国"国潮"文化产业面也在不断扩大，中国的潮牌文化正在通过不断地创新提升其国际影响力。希望越来越多的本土老牌如李宁、太平鸟等品牌一样，也能搭上时代的列车，既要保守初心，保留自己的品牌文化，又能与时俱进，为"国潮"发展添枝加叶，助力我国时尚产业崛起。

服装是"国潮"文化的主力军、推动力，在消费者日常的穿着、使用中展现出中国文化与艺术设计水平。"国潮"也应当在各国各年龄层次中以合适的承载方式得以展现和认可。许多原创品牌、运动品牌为了适应时尚发展和市场需求，都在花费大量精力进行潮流品牌支线的研发创作，但要找到真正具有完整设计体系与思路的品牌甚少，未来还需要更多的设计师作为中国文化的推动者、力行人，推动"国潮"发展，还需要更多的学者继续为中国潮流设计提供更多的理论支撑。

现代工业化服饰是一个产业，但从文化的角度来说，服饰则不仅仅是穿在人身上的衣服那么简单。服饰的变迁是在社会形态改变下文化变迁的必然结果。服饰不仅满足了人们对衣服本身保暖蔽体的要求，还满足了人们对文化的需求。马林诺夫斯基在文化人类学上主张文化是一个整体，各种文化现象要置于该文化整体中去考察。马林诺夫斯基认为人的基本需求包括吃喝、繁衍、身体舒适、安全、运动、成长、健康，个人是以文化而非自然的方法来满足以上需要的。因此，人们生产食物、缝制衣服、建造栖身之处、建立家庭、改善教养和卫生条件。此外，人的需求可以分为基本需求与派生需求。基本需求是人的生物性需求，而派生需求则是文化的需求。人们为了满足以上需求而建立起各种社会组织和维持各种活动的制度体系。

我们对于"民族的，就是世界的"的认识，有正确的一面，即因为是"民族的"，所以能成为国际上"具有独特性的异质文化现象"，进而被国际社会、国际文化艺术界所瞩目这是客观的现实。因为全球化信息的交融，消费者需要通过经由"异质文化现象"所演绎出的多元多样的时尚生活产品，来满足消费需求。但如果仅是纯粹"中国的""民族的"，缺乏国际文化的相互渗透、演进、转型以及将它们融入于现代多元时尚生活的过程，就不能使服装品牌具有让人喜闻乐见的"中国的""民族精神""我的文化"的底蕴，并且也无法在形、色、质等要素上，体现出现代绝大多数的中国消费者以及国际消费者喜闻乐见的"国际的"时尚特质，那么纯粹"民族的"只会因为脱离了现代的文化场域，而成为无法与现实生活接轨的、"受看不受用"的历史产物。这样的"民族的"产品不具备现实的、广泛的显性意义，也就无法在建设多元服装品牌强国的过程中发挥其应有的作用，那么服装品牌国际化的建设也就无从谈起。我们应该意识到，尊重本民族文化，并不仅仅是直接翻版本民族的传统文化，而是要以《周易》中所说的"观乎天文以察时变，观乎人文以化成天下"的智慧和思想，来进行适时的文化演进与时代转型。只有在这种宏观、多元的视野下，以智慧对现代生活观念进行文化思辨，才能深刻地认识到经由多元一体的中华历史长河的大浪淘沙、融合、磨砺，最终凝练而成的中华泱泱大国的民族精神、文化气质、价值体系、思想行为，以及在此过程中所积淀的、绮丽丰富的中华传统文化，对于当今国际文化界与艺术设计界的重要意义。

参考文献

[1] 张云婕 . 侗族传统服装艺术研究 [D]. 长沙：湖南师范大学，2019.

[2] 庄寒 . 中国少数民族服装形制结构特征研究 [D]. 杭州：浙江理工大学，2020.

[3] 塔努佳 . 印度宝莱坞电影中传统印度服装设计与审美研究 [D]. 上海：东华大学，2009.

[4] 龙小天 . 当代华服设计的服装构成要素研究 [D]. 长春：长春工业大学，2011.

[5] 何鑫 . 中国南方少数民族服饰结构考察与整理 [D]. 北京：北京服装学院，2012.

[6] 邹云利 . 中国北方少数民族服装结构研究 [D]. 北京：北京服装学院，2012.

[7] 夏梦 . 中国传统服饰与时尚结合之探索 [D]. 天津：天津科技大学，2010.

[8] 王淑慧 . 满族传统服装造型结构研究 [D]. 北京：北京服装学院，2012.

[9] 陆洪兴 . 中国传统旗袍造型结构演变研究 [D]. 北京：北京服装学院，2012.

[10] 孟和娜仁 . 蒙古喀尔喀民族服装元素在现代服装设计中的应用 [D]. 上海：东华大学，2013.

[11] 蒋兆枝 . 新唐装的伦理解读 [D]. 长沙：湖南师范大学，2009.

[12] 史雯 . 我国少数民族男装整体及局部服装热阻和衣下空气层分布研究 [D]. 苏州：苏州大学，2016.

[13] 杨娜 . 当代"汉服"的定义与"汉民族服饰"的定位差异 [J]. 服装学报，2019，4（02）：158-162+167.

[14] 铁红丹，兰黎明 . 传统服装工艺的传承与保护——评《赫哲、鄂伦春、达斡尔族服饰艺术研究》[J]. 上海纺织科技，2019，47（05）：66.

[15] 李菊 . 浅析民族传统服装设计中现代激光切割技术实践应用 [J]. 科技资讯，2019，17（15）：243-244.

[16] 李菊.基于民族传统服装设计的高职教学研究与实践 [J].科技创新导报,2019,16（14）：211-212.

[17] 周星,杨娜,张梦玥.从"汉服"到"华服"：当代中国人对"民族服装"的建构与诉求 [J].贵州大学学报（艺术版）,2019,33（05）：46-55.

[18] 杨静.中国民族风格元素在休闲服装设计中的研究应用 [D].天津：天津科技大学,2016.

[19] 赵明.直线裁剪与双重性结构——中国少数民族服装结构研究 [J].装饰,2012,（01）：110-112.

[20] 邓玉萍.行走于时尚的边缘——论现代民族服装的设计趋向 [J].艺术百家,2012,28（S1）：200-202.

[21] 殷方舟.朝鲜族民族服饰变迁研究 [D].延吉：延边大学,2019.

[22] 唐小雨.中国西南少数民族领襟造型结构研究 [D].北京：北京服装学院,2018.

[23] 唐娜.中华民族服装服饰国际化探索——休闲装创新运用 [D].天津：天津科技大学,2013.

[24] 周星.新唐装、汉服与汉服运动——二十一世纪初叶中国有关"民族服装"的新动态 [J].开放时代,2008,（03）：125-140.

[25] 蒋琳,刘国联,蒋孝锋.中、日、韩民族服装继承与穿用现状比较研究 [J].苏州大学学报（工科版）,2006,（03）：73-75.

[26] 陈立娟.流苏装饰在民族服装中的运用 [J].中国民族博览,2019,（12）：179-180.

[27] 田炳英.传承历史表现当代的"汉服"研究 [D].大连：大连工业大学,2012.

[28] 杨丽.民族服饰装饰工艺的创新初探 [J].中国民族博览,2017,（05）：11-12.

[29] 肖瑶.浅析传统服饰元素在现代服装设计中的应用 [D].天津：天津科技大学,2014.

[30] 周剑,王艳晖.融入民族服装结构的《服装结构设计》课程教学探索与实践 [J].轻纺工业与技术,2021,50（01）：170-172.